河北省休闲农业园区景观设计研究与实践

贾丽霞 蔡 宁 王 莹 等 著

中国农业科学技术出版社

图书在版编目（CIP）数据

河北省休闲农业园区景观设计研究与实践 / 贾丽霞等著 . -- 北京：中国农业科学技术出版社，2023.5

ISBN 978-7-5116-6280-4

Ⅰ.①河…　Ⅱ.①贾…　Ⅲ.①观光农业—农业园区—规划—研究—河北　Ⅳ.① F327.53

中国国家版本馆 CIP 数据核字（2023）第 086134 号

责任编辑　徐定娜
责任校对　马广洋
责任印制　姜义伟　王思文

出 版 者　中国农业科学技术出版社
北京市中关村南大街 12 号　　邮编：100081
电　　话　（010）82105169（编辑室）（010）82109702（发行部）
（010）82109709（读者服务部）
传　　真　（010）82106650
网　　址　https://castp.caas.cn
经 销 者　各地新华书店
印 刷 者　北京建宏印刷有限公司
开　　本　185 mm×260 mm　1/16
印　　张　14.5
字　　数　227 千字
版　　次　2023 年 5 月第 1 版　2023 年 5 月第 1 次印刷
定　　价　68.00 元

《河北省休闲农业园区景观设计研究与实践》
著　　者

主　　著：贾丽霞　蔡　宁　王　莹

副 主 著：牛细婷　尚　丹　张利娜

著作人员：（按姓氏拼音首字母排序）

蔡　宁　侯　亮　黄　赛　贾丽霞　李志勇　马晓萍

牛细婷　齐　浩　尚　丹　孙海芳　王　莹　王烁凯

许皓月　由宇轩　张利娜　周　繁

前 言

随着时代的不断发展和变迁，我们拥有的物质享受越来越丰富，但是我们也需要停下忙碌的脚步，在精神上充充电，加强充实感。广阔的乡村具有得天独厚的优势，从地理位置上看离城市近，从景观独特性上看是淳朴的自然景观，能在精神上给人以愉悦和慰藉。人们可以在乡村的青山绿水、田园美景中缓解疲劳、放松自身。休闲农业正是在这种背景下应运而生，休闲农业园区是休闲农业的典型代表，但在建设发展休闲农业园区时，需要考虑如何让规划建设更为科学合理；如何发展产业，延伸产业链条，有利于三农；如何抓住特色，因地制宜地打造特色品牌等科学问题。

河北省农林科学院农业信息与经济研究所作为河北省休闲农业园区规划编制的排头兵，培养了一批有资质、有专业水准的农业咨询工程师和专业技术人员。2014年申报并获得了国家发改委颁发的工程咨询单位资质证书，现已取得工程咨询乙级资信，成为河北省休闲农业园区规划队伍中有农业科学研究与工程咨询双重资质的农业规划编制单位。

在规划实践中，我们聘请了省内外多位富有经验的老科技工作者（河北省老科学技术工作者协会的成员），与在职科技人员组成老中青三结合的队伍。我们在中坚力量的组织和领导下，汇集老同志积累半生的科学研究成果与经验，充分发挥年轻人思维敏锐的特点和快速掌握新技术的特长，很好地完成了各级政府或龙头企业委托的规划任务。几年来，累计提交规划成果和规划咨询意见90余项，受到了社会好评。

《河北省休闲农业园区景观设计研究与实践》一书，回顾和梳理了近年来的工作，总结经验做法，梳理推进模式，剖析典型案例，凝练理论方法。本书以休闲农业发展为背景，力求翔实梳理国内外休闲农业园区发展的进程，对休闲农业园区景观设计理论与方法等进行归纳总结；选取 7 个休闲农业园区景观设计规划实证，以点带面，重点反映休闲农业园区规划编制的指导思想、发展目标、景观设计与产业结构布局；通过实证分析对河北省休闲农业园区可持续景观的设计营造、后期维护等方面进行探讨，从而提出河北省休闲农业园区景观设计前景展望。本书以团队实际操作规划的休闲农业园区为例，在查阅了大量文献资料后，汲取一些重要的理论成果，对休闲农业园区的景观规划设计进行更深入的研究，以期在建设休闲农业园区时能达到最大的社会效益、生态效益和经济效益。

为了提升本书的写作质量和写作效率，团队进行了分工合作。绪篇及第一篇休闲农业园区发展概况由蔡宁负责。第二篇休闲农业园区景观设计理论与方法由王莹负责。第三篇案例实证，实证一黄骅市旧城镇现代高效农业生态园区规划（2016—2025 年）由尚丹、蔡宁、周繁负责；实证二滦南县现代花生产业园区发展规划（2016—2020 年）由王莹、齐浩负责；实证三顺平县望蕊山庄现代农业（桃）园区规划（2017—2025 年）由牛细婷、许皓月负责；实证四任丘市中冠现代农业园区规划由蔡宁、侯亮、孙海芳负责；实证五河北省易县百全卧龙生态农业园区规划（2014—2025 年）由蔡宁、马晓萍、由宇轩负责；实证六保定市满城区现代农业园区发展规划（2016—2025 年）由张利娜、黄赛、马晓萍负责；实证七大运河农业生态文化产业园总体规划由贾丽霞、李志勇、王烁凯负责。第四篇河北省休闲农业园区可持续景观研究由贾丽霞负责。第五篇河北省休闲农业园区景观设计前景展望由贾丽霞负责。牛细婷、贾丽霞、蔡宁、王莹对全书各部分进行统稿。

由于水平所限，研究还不够深入，书中难免存在疏漏，真诚期望专家和同仁批评指正。

著　者

2022 年 12 月

目 录

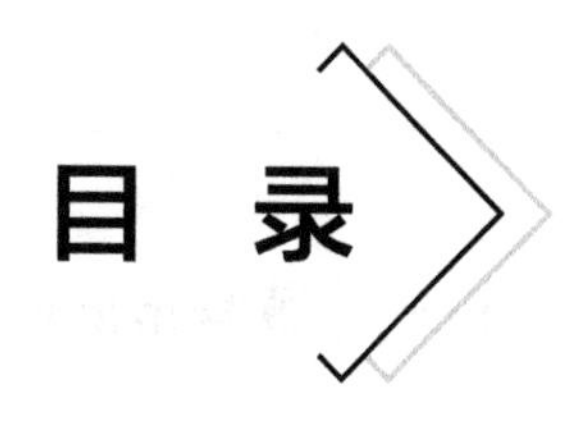

绪 篇

第一篇 休闲农业园区发展概况

第二篇 休闲农业园区景观设计理论与方法

第三篇　案例实证

第四篇　河北省休闲农业园区可持续景观研究

第五篇　河北省休闲农业园区景观设计前景展望

绪 篇

一、研究背景

（一）国家政策背景

20世纪80年代，我国的农业旅游发展才刚刚起步，其中农业发展的不平衡问题一直存在。为此，这些年各级政府在党的指导下用国家政策保障休闲农业的发展。党的十九大报告中的最大亮点是乡村振兴战略的提出，要求加快推进农村地区现代化发展和生态建设。2022年，《中共中央国务院关于做好2022年全面推进乡村振兴重点工作的意见》发布，内容强调鼓励各地拓展农业多功能、挖掘乡村多元价值，重点发展农产品加工、乡村休闲旅游、农村电商等产业。国家高度重视农业的发展，因此，在如今的大趋势下，休闲农业要不断寻找新的农业生产模式和未来农业发展的新方向。休闲农业跟随时代的潮流不断发展完善，对于农业农村农民发展有重要意义，有利于调整和优化农业结构，丰富农业的文化内涵；保护农村生态环境，促进农业健康发展；增加农村就业机会，打造新农村；增加农民收入，提高农民生活水平。休闲农业发展相关政策见绪表-1。

绪表-1　相关政策概况

颁布机关	政策文件	发布年份	产业融合政策要点
中共中央国务院	《中共中央 国务院关于实施乡村振兴战略的意见》	2018	构建农村一二三产业融合发展体系。大力开发农业多种功能，实施休闲农业和乡村旅游精品工程
	《乡村振兴战略规划（2018—2022年）》	2018	推动农村产业深度融合，发掘新功能新价值培育新产业新业态，打造新载体新模式
	《中共中央 国务院关于坚持农业农村优先发展做好“三农”工作的若干意见》	2019	推进现代农业产业园、农村产业融合发展示范园、农业产业强镇建设。健全农村一二三产业融合发展利益联结机制
	《中共中央 国务院关于抓好“三农”领域重点工作确保如期实现全面小康的意见》	2020	发展富民乡村产业，推动农村一二三产业融合发展，支持农村产业融合发展示范园建设

续表

颁布机关	政策文件	发布年份	产业融合政策要点
中共中央 国务院	《中共中央 国务院关于全面推进乡村振兴加快农业农村现代化的意见》	2021	构建现代乡村产业体系，建设现代农业产业园、农业产业强镇、优势特色产业集群。开发休闲农业和乡村旅游精品线路，完善配套设施
	《中华人民共和国国民经济和社会发展第十四个五年规划和2035年远景目标纲要》	2021	推进农村一二三产业融合发展，推动种养加结合和产业链再造，提高农产品加工业和农业生产性服务业发展水平，壮大休闲农业、乡村旅游、民宿经济等特色产业
	《中共中央 国务院关于做好2022年全面推进乡村振兴重点工作的意见》	2022	鼓励各地拓展农业多种功能、挖掘乡村多元价值，重点发展农产品加工、乡村休闲旅游、农村电商等产业
国务院	《国务院办公厅关于推进农村一二三产业融合发展的指导意见》	2015	着力构建农业与二三产业交叉融合的现代产业体系，形成城乡一体化的农村发展新格局
	《国务院关于促进乡村产业振兴的指导意见》	2019	促进产业融合发展，增强乡村产业聚合力
	《“十四五”推进农业农村现代化规划》	2021	提升农村产业融合发展水平。推动农业与旅游、教育、康养等产业融合，发展田园养生、研学科普、农耕体验、休闲垂钓、民宿康养等休闲农业新业态
自然资源部、国家发展改革委、农业农村部	《关于保障和规范农村一二三产业融合发展用地的通知》	2021	明确农村一二三产业融合发展用地范围，拓展集体建设用地使用途径，大力盘活农村存量建设用地
农业农村部	《全国乡村产业发展规划（2020—2025年）》	2020	以实施乡村振兴战略为总抓手，以一二三产业融合发展为路径，发掘乡村功能价值，强化创新引领，突出集群成链，延长产业链，提升价值链，培育发展新动能

续表

颁布机关	政策文件	发布年份	产业融合政策要点
农业农村部	《关于拓展农业多种功能促进乡村产业高质量发展的指导意见》	2021	做大做强农产品加工业、做精做优乡村休闲旅游业、做活做新农村电商
文化和旅游部、教育部等	《关于推动文化产业赋能乡村振兴的意见》	2022	以文化产业赋能乡村人文资源和自然资源保护利用，促进一二三产业融合发展，贯通产加销、融合农文旅

数据来源：智研咨询整理（2022）。

（二）新型城镇化背景

我国的城镇化率从2011年开始首次超过50%，城镇人口达到6.9亿人，第一次超过农村人口，逐渐完成了以农村为主导向以城镇为主导的社会结构的转变。预计到2030年，我国能基本完成城镇化，城镇化率能够达到70%左右。

我国城镇化发展迅速，这就导致农村人口不断减少，但是农民仍旧是我国最大的群体，主要聚集居住在农村。农村成为我国最大的居住区，农村整体的人数依然很高。在乡村振兴战略等背景下，“绿水青山就是金山银山”，农村是我国发展建设的财富源泉。农村拥有丰富的自然资源，农业的发展不仅有生产功能，还能改善生态环境，拓宽功能类型，提供观光、休闲、娱乐、医疗养生等功能。休闲农业依托着“生产、生活、生态”的理念和实践准则，生产模式发生翻天覆地的转变，实现三产融合，向农旅结合、以农促旅、以旅强农的休闲农业与乡村旅游转型，将城乡紧密连接起来，统筹城乡共同发展。

（三）体验经济背景

体验经济理念研究的开端是1970年美国的菲利普·科特勒提出旅游要有“体验性”；到20世纪80年代，阿尔夫·托夫勒在其著作中明确提出了“体验经济”的概念；“体验经济”这一理论开始引起广泛关注是在1999年，约瑟夫·派恩发表的文章对体验经济作了更加系统的阐述（张苗苗，2019）。根据美国心理学家马斯洛在1943年提出的“需求层次理论”，将人的需求分为五个层次——生理需求、安全需要、爱与归属感、尊重与自我实现。体验经济的发展逐渐会成为社会发展的新潮流，现在我国已经基本完成了前两个层次，正在逐步向更高层次发展，原有的休闲农业发展模式以及传统的旅游业已经无法适应时代的发展，在未来会更加注重自身在参与其中时获得的收获体验以及对休闲农业景观内部的参与度，从而更有针对性地进行休闲农业园景观体验式设计研究，这无不为休闲农业发展提供新的发展机遇。

（四）产业发展背景

我国农业从改革开放以来，经历了三个发展阶段。第一阶段，自给自足的农业阶段，以解决温饱为主。第二阶段，生产经济型农业阶段。此时农业内部均有一定程度的发展，其中有农作物、林业、畜牧业、渔业和副业等。第三阶段，农业生态经济协调发展的新阶段。休闲农业园区正是在这个阶段逐渐发展起来的，从最初的农家乐，到以观光为主的果园、苗圃、农场等，再到将观光和体验结合在一起的休闲农业，最后到现阶段具有多种功能的综合性休闲农业，例如具有观光、采摘、休闲、娱乐、度假、体验、科普教育、健康养生等，将休闲景观的设计研究与休闲观光体验相结合（谭彦，2018）。随着时代的发展，休闲农业的功能越来越齐全，运营的类型越来越多，体验的活动也越来越丰富多彩。

将休闲农业与乡村旅游业相结合，不仅有农业生态观光、休闲体验的功能，还拓展了文化传承、科普教育、健康养生等多种功能，同时有利于促进乡村产业振兴，带动农村产业发展（谢冬梅，2019）。2016—2019 年，我国休闲农业和乡村旅游接待人次和营业收入均呈稳定增长态势。2020 年受新型冠状病毒的影响，全国休闲农业和乡村旅游接待游客约 26 亿人次，营业收入 6 000 亿元，吸纳就业 1 100 万人，带动农户 800 多万。发展和建设休闲农业园区，不仅增加了农业的附加值，同时也增加了农民的收入，将生态农业的发展和乡村旅游业相结合，有利于农村经济效益、社会效益和生态效益的提升，大力推进社会主义新农村建设。

二、研究目的和意义

（一）研究目的

现在的休闲农业园区以“农家乐”“采摘园”等形式呈现的比较多，发展模式比较单一，对休闲农业园区的规划建设，尤其是景观设计，对保持乡村原始风貌、保护和修复乡村的生态环境、合理利用农业资源、传承和发扬农耕文化有重大的意义；同时对于改善城乡发展不平衡的问题、提升农民经济收入、促进农村农业手工业等产业的发展、促进周边环境可持续发展有积极的意义，最终助推生态文明和美丽乡村建设。

河北省是农业大省，高原、山地、丘陵、盆地、平原类型齐全，拥有丰富的社会自然资源，环绕京津对休闲农业需求巨大。本书通过分析休闲农业园区的相关理论，借鉴国内外发展休闲农业园区的经验，研究得出休闲农业园区景观规划设计的理论，并通过团队实际操作的规划案例实践验证理论的合理性，从休闲农业园区可持续景观的设计营造、后期维护等方面进行探讨，提出休闲农业园区景观设计前景展望，以期为以后的休闲农业园区景观规划提供依据，并解决未来河北省休闲农业园农业景观规划设计方面的问题，为河北省乃至全国的休闲农业园区景观规划设计提供参考。

（二）研究意义

1. 理论意义

（1）加快休闲农业发展模式和体系的理论建设

休闲农业园区景观规划设计研究可为现有的农业发展模式及体系提供新思路、新理念。在现如今的时代，经济、技术以及未来的发展方向日新月异，只有不断地开拓创新才能更好地服务于生态农业的发展，同时也是对休闲农业园区景观规划理论的一个补充，具有理论意义。对景观的规划设计及为今后的休闲农业园的规划提供实践方法，有利于充分发挥农业的多种功能，以农业资源为依托建设具有特色的农业体验景观（武少腾，

2019），促进农业景观的可持续发展，争取农业景观体验和农业生产相互协调和稳步发展。

（2）检验休闲农业相关研究理论

对休闲农业园区景观规划设计开展研究，将理论与实践相结合，通过对休闲农业相关研究理论到实践的检验从而得出不足，进而深化完善理论，改进不足。

2. 现实意义

（1）不断提升河北省休闲农业发展水平

对河北省休闲农业园区景观规划设计的研究能够促进省内农业发展三产融合、产业结构优化转型，增强农产品市场竞争力，提高农民经济收入，保护和修复农区生态环境，达到经济、社会和生态效益的提升，实现“双赢”目标，从而建设美丽新农村，不断提升河北省休闲农业发展水平。

（2）改善河北省休闲农业生产环境

对河北省休闲农业园区景观规划设计进行研究，有利于合理开发与保护区域内农业资源，修复生态环境，减少农业生产过程中造成的环境污染，促进农业环境的可持续发展，不断提高休闲农业在农业生产的经济、社会和生态效益，从而促进农业生产长期稳定发展。

（3）营造休闲农业良好的体验环境

休闲农业园区的景观规划设计是打造将农业生产、景观观赏、游客体验三方面相互融合的景观模式，使休闲农业及乡村旅游更具有吸引力、感染力，营造出乡风浓郁、体验有趣兼具田园生产的体验环境。

（4）为河北省相关部门决策提供参考和借鉴

对河北省休闲农业园区景观规划设计的发展进行前景展望，并对现状提出对策与建议，可为相应职能部门提供具有推广意义的研究成果，为河北省委、省政府决策河北“三农”问题提供依据。

三、研究内容

（一）理论研究部分

理论研究部分阐述了休闲农业园区发展概况、休闲农业园区景观设计理论与方法等相关基础理论。结合休闲农业园区的特征，提出了规划和景观设计理念、原则、相关理论、构成要素以及过程与方法，确定了规划程序；对各项景观规划内容进行重点研究和详细阐述。通过实证分析对河北省休闲农业园区可持续景观的设计营造、后期维护等方面进行探讨，从而展望河北省休闲农业园区景观设计前景。这部分是核心理论内容。

（二）案例实证部分

案例实证部分以休闲农业园区景观规划设计理论作为出发点，选取团队实操规划中关于景观规划设计的案例进行研究，分别从休闲农业园区的产业融合、空间布局、景观规划等方面进行分析。通过对实证部分的分析，提炼出对河北省休闲农业园区景观规划设计具有借鉴意义的内容，并以此作为河北省休闲农业园区景观规划设计的参考内容，并验证理论的合理性。

（三）前景展望部分

前景展望部分以理论部分为基础，以案例实证部分为参考，与河北省休闲农业园区景观后期维护与运营等要素相结合，统计分析相关的社会经济数据，探究影响其发展水平的因素以及面临的问题并提出解决对策和建议，对河北省休闲农业园区景观规划设计进行科学合理的前景展望。

主要创新点：乡村景观是休闲农业园区的景观基底，也是景观差异性和旅游吸引力的来源，将乡村景观中自然生态景观、地域文化景观等引入休闲农业园区的景观内容。在进行休闲农业园区景观规划设计时，保护乡村自然生态景观，合理利用；发掘乡村景观中差异性较大的地域文化景观，进行提炼、表达，与休闲农业园区景观一起构成特色景观；结合休闲农业园区景观和地域文化景观设计多样化的体验活动。

第一篇

休闲农业园区发展概况

一、国外休闲农业园区发展概况

（一）国外休闲农业园发展历程

休闲农业的发展到现在已经有百余年的发展历程，最开始发源于19世纪的欧洲发达国家。但在当时的国际上，因为各地方发展的侧重点有所不同，所以没有一个统一的关于休闲农业的概念。其发展过程大致经历三个阶段。

第一阶段为萌芽时期（19世纪中期—20世纪中期）。1855年，法国参议员欧贝尔等人到巴黎郊区度假，开创了休闲农业旅游的先例。1856年，标志着休闲农业诞生的，是意大利政府最先成立“农业与旅游全国协会”，提倡都市人们到农村体验乡村生活。当时，协会专门介绍城市居民到乡村与农民一起干农活、吃农家饭，在农民家中住宿，或者自己搭建帐篷野营。之后，在欧洲的一些发达国家也开始逐渐发展休闲农业。从19世纪70年代一直到90年代，被称为意大利的“绿色假期”，是休闲农业发展的鼎盛时期。1880年，北达科他州建立了美国第一个休闲牧场；19世纪后半叶，德国休闲农业推行“市民农园”制度。

这一阶段只是乡村所独有的自然风景吸引城市居民体验，但是管理落后、服务设施不完善、体验活动匮乏等问题制约着休闲农业的进一步发展。

第二阶段为发展时期（20世纪中后期—20世纪80年代）。第二次世界大战之后，全球经济复苏，各国农业得到快速发展，休闲农业的发展也注入了新的活力。本阶段开发了新的园区发展模式，引进现代农业高效生产技术。同时，农旅开始相结合，休闲农业多元化发展，有专门从事农业服务的人员，打破了传统的农耕方式。具有代表性的有澳大利亚的观光农场、西班牙的家庭旅馆等。

这一阶段，专门的休闲农业园区开始出现，不仅有对农田风景的观赏，还有观光性能。这让市民回归到自然中，放慢其生活节奏，使生活压力得到缓解和释放。

第三阶段为扩展阶段（20 世纪 80 年代至今）。20 世纪 80 年代以后，开始兴起多元化的旅游模式，亲身体验农事活动的休闲农业类型增多，从单一的观光游览向亲身体验转变，游客以追求参与度、参与感为目的。在这个时期，休闲农业增加了租赁农场等许多内容，农场主将土地分成多个农业片区租赁给市民，让市民亲身体验农耕、生产、经营，可以使市民在亲身参与之外感受生态的理念。

这一阶段，传统静态的、休憩的休闲农业模式逐渐被亲身参与以及现代化的模式所取代。休闲农业园区的主要特点是示范功能，园区将环保理念、可持续理念与新型农业生产方式相结合，形成了集农业资源开发、农产品生产和销售于一体的综合性农业园区，如马来西亚农业园区和新加坡高科技农业园区等。新加坡政府以科技为引领，建设了具有生产与游览功能的农业生态走廊 50 余条，成为名副其实的“绿色旅游王国”。

（二）国外农业园研究现状

19 世纪 30 年代，农业旅游最早发源于欧洲，在原有自然环境的基础上进行合理的景观规划设计，保持乡村的自然性、特色性、独有性等，在农业园区的规划中创造出一种原生态的景观。经过多年的发展，进行专业的规划设计，发展成为集农业生产、观光旅游、加工销售为一体的现代农业园。现代农业园的发展以科技为引领，依托当地的自然资源、农业资源、人文资源等走深层次、多元化发展的路径。我国现在的休闲农业园区发展正处于高峰期，发达国家休闲农业园的发展历程为其发展提供了重要依据。

1. 意大利

意大利是第一个进行观光农业旅游的国家，在 1865 年成立了“农业与旅游全国协会”，让城市居民能够到乡村体验生活，感受自然风光，享受乐趣。其最早提出的理念是将生态环境、当地文化和食品健康等方面进行有机融合，不仅提供乡村自然景观还提供食品等。利用当地资源不只是用于休闲观赏，而是将传统农业与二三产业相融合，打造具有娱乐、教育、文化等多重功能的空间。随着乡村旅游的发展，农业旅游产生了，并在一些范围上发生了重合，农业旅游发展的基础是农业资源，并且以科技为引领，将休闲观光、参与体验等形式融为一体。而乡村旅游是将整个乡村系统作为发展对象，空间的维度大于农业旅游，乡村旅游以建筑风格、文化特色、民俗风情等为吸引点，与人文属性相关联。

2. 英　国

20 世纪 30 年代，英国生态环境保护理念萌芽，综合考虑城市和农村的区域范围。而英国的农业旅游是在 20 世纪 60 年代出现，直到 80 年代才真正地进行发展，主要的方式是农村的自营家庭，有种植农产品、节庆庆祝、观赏农村独特景观等功能。英国的生态环境良好，城市化发展，有比较完善的基础设施，促使农业观光园可以持续发展。后来，霍德华提出了“田园城市”理论，实际就是主张田园综合体的建立（闫雨，2022），包括城市和乡村两部分，利用城市周边的田园风光在其周边进行绿地建设，与郊区和农村的绿地相结合，丰富城市的景观，减弱其单调性。

3. 法　国

法国农用面积大，休闲农业发展期是在 20 世纪 70 年代，为适应当时的环境要求，开辟了人工菜园，进行采摘、品尝、学习制造食物，人们不仅能欣赏田园风光，并且对大自然有了重新的认识。先后推出了农庄旅游，经营家庭式旅馆，推出了农庄旅游后，休闲农业得到较快的发展，并在 20 世纪 80 年代组成了联合经济组织，命名为“欢迎来到您的农庄”。根据农庄不同的功能，进行了专业划分，分为 9 个不同的类型：暂住农场、教育农场、探索农场、狩猎农场、露宿农场、农场客栈、点心农场、农产品农场、骑马农场。法国的城郊农业以农产品为发展基础，与景观自然相融合，提供休闲娱乐活动。

4. 德　国

1850 年，德国在郊区绿地上建立了一个“市民农场”，那时的德国市民在自己家中种植瓜果、蔬菜，享受种植的乐趣。最早关于建设农业园的建园规范是《市民农园法》（周永，2020）。后来进行修订将经营方式从农业生产转变为农业体验与休闲娱乐为主，并规定了五大功能：体验农家乐趣、提供相互交流场所、提供安全健康的食物、提供宜人的环境，以及适合老年人生活的场所。市民农园的土地分两部分来源，一部分是来自国家的公有地，另一部分是居民的私有地，市民可以租赁农园，在租赁期间，租赁者可以自行决定种植农作物，享受种植的乐趣。

5. 美　国

美国国土面积比较大，人口数量较少，自然资源丰富，并且城市化的程度比较高。美国的休闲农业是从 19 世纪上流社会的乡村旅游开始的，在 1880 年美国诞生了第一个休闲牧场，到 20 世纪 30 年代赖特提出了"广亩城市"的理论，在城市边缘地带能够营造绿色的观光农业林带，并可以创造出属于城市的田园风光，而这些景观都是与乡村分不开的（邹先定 等，2005）。1962 年后，随着政府支持力度的加大，休闲农业发展是以度假农场和观光牧场为基础，到了 1970 年后，美国更加注重农业景观的保护，注重保持和维护乡村原来的生态景观，在进行休闲农业设计时将农业生态景观作为了重要的设计内容。美国休闲农业采用社区与农园互帮互助的形式，需要双方共同承担风险。农园为社区市民提供安全的食品，同时社区市民为农园提供市场和销路，实现双赢。现代的农业园发展有专业的设计团队进行规划设计，休闲农业发展更为顺利。

6. 日　本

亚洲休闲农业发展较早的国家当属日本，其国土面积较小，人口基数较大。早在 1924 年，园艺爱好者在郊外组织了"京都园艺俱乐部"。1960 年，日本经济发展迅速，人们从农村向城市迁移，城市人口迅速膨胀，农村人口数大量减少，大力发展休闲农业有利于防止农村经济的衰退。20 世纪 70 年代，现代农业的不断发展，给日本产业发展带来了历史性的变化。日本的休闲农业有三种形式：自然式景观建设、高质量农产品和体验型农园。

日本休闲农业以都市农业为主，着重于"食品"和"绿色"的生态平衡。20 世纪 90 年代，政府规定可以个人租赁土地，租赁者可以自由安排园区内的设置，缩短了人与自然之间的距离，促使休闲农业良好发展（许冰雁，2021）。国外休闲农业发展类型对比见表 1-1。

表 1-1　国外休闲农业发展类型对比

国家	发展类型	特点	代表案例
意大利	生态旅游	农业、乡村的多元化	翁布里亚大区旅游农庄
英国	田园城市	城和乡的结合体	莱奇沃思
法国	农场经营	政府和相关团体联合推动专业化、标准化	普罗旺斯薰衣草园
德国	市民农园	乡村生活体验、休闲度假	施雷伯田园
美国	市民农园	政策保护、联合经营、城乡互助	美国 Fresno 农业旅游区
日本	都市农业造村运动	注重生态环境的保护，乡村风貌展示与耕地保护	大王山葵农场

二、国内休闲农业园区发展概况

（一）国内休闲农业园发展概况简述

虽然我国的休闲农业起步晚，但是随着经济和城市化的发展，休闲农业发展迅速。我国关于休闲农业园区景观的研究也多集中于乡村景观，并且在发展中融合了城乡规划学、农学、林学等多种专业，形成了比较综合的休闲农业园区建设理论。我国休闲农业大致经历了三个阶段。

第一阶段为早期兴起阶段（1980—1990 年）。改革开放初期，一些农村依托当地特色的自然、人文资源举办各种具有特色的文化活动，发展产业、吸引游客，拉动当地的经济收入。如江西省井冈山市举办了“红色杜鹃”旅游节活动，同时在活动中举办招商引资洽谈会，取得了良好的效果，因此，各地都开始借鉴这种旅游模式。此时观光休闲旅游是我国的休闲农业的主要功能，当地独特的自然风景、人文环境资源延伸出独具特色的产业，使乡村景观衍生经济效益，为乡村景观发展带来新的机遇。

第二阶段为初期发展阶段（1990—2000 年）。该阶段处于我国由计划经济向市场经济转变时期，城市化的发展以及居民收入的提高，人们逐渐有了旅游、休闲、观光等精神层面上的追求。同时，农村产业结构急需优化调整，农民的就业范围和提升经济收入的需求开始扩大。一部分距离大中城市近的郊区和农村利用独特的自然资源和特色产品，发展休闲观光农业，此时观光农业生态园顺势产生，如上海孙桥现代农业科技观光园等。农业、旅游、田园风光等多种功能串联在一起，多元的产业资源发展汇集到乡村景观中。

第三阶段为规范经营阶段（2000 年至今）。该阶段处于我国建设或建成小康社会时期，农业、旅游和生态相结合的模式受到越来越多的人关注，休闲农业的发展模式更加趋于多元化。对于自身的体验感、参与度要求更高，同时还有绿色环保、文化内涵以及科技知识等功能。在这时期，政府更加重视，并且也加大了支持力度，使休闲农业园区管理开始走向规范化，让产业、生态、文化、自然、健康等紧密地融合，更有利于休闲农业的发展。我国的乡村景观建设开始重视文化体验，强调游客参与，形式趋于多元化，同时也更加关注生态、健康、教育等多种社会问题。

乡村振兴战略的提出，国家支持三农的各项政策连续出台，为休闲农业发展提供了更为广阔的平台，休闲农业发展模式进一步完善，促进了休闲农业园区管理规范化。休闲农业的乡村景观不断增加，居民的需求不断提高，尤其是精神方面的需求，从之前的观光旅游型的发展模式已经开始向能真正实现生态效益、经济效益、社会效益的方向发展。同时，休闲农业园与科技、体育、文化等产业的融合也将继续扩大，品牌优势将不断凸显。

我国休闲农业发展阶段及其特点见表 1–2。

表 1–2　我国休闲农业发展阶段及其特点

发展阶段	发展特点
早期兴起阶段（1980—1990 年）	充分发挥本地的农业资源优势，举办荔枝节等农业采摘活动
初期发展阶段（1990—2000 年）	建立了农业观光园，举办休闲、垂钓、采摘、野炊等各种休闲娱乐活动
规范经营阶段（2000 年至今）	建设综合性现代农业园区，提出评价指标，休闲农业发展更加正规和规模化

（二）休闲农业景观与休闲农业园

休闲农业的定义由我国台湾大学推广学系在1989年首先提出，休闲农业是一种利用农村的各种资源，经过科学的规划与设计，从而开发出农业的休闲旅游潜力，促进市民对农业与农村的了解，提高农民收入，促使农村现代化发展的新型农业。随着时代的发展，休闲农业也在不断进步，包含的内容及含义也不断被扩展和延伸。

休闲农业景观更加注重人的休闲体验以及参与度，其他基本的日常农业生产生活和观光的功能和传统的农业景观没有明显区别。随着时代的发展，休闲农业景观的表现形式也多种多样，会通过休闲农业园、农业观光园、田园综合体等不同类型的综合园区形式表达出来。它们的出现表明了农业产业的转型与升级，实现一二三产融合发展，将观光休闲、生态环保、科普教育等功能融合，扭转了单一的农业生产发展模式，发展更加多元化。休闲农业园不仅包含休闲游览、采摘等体验活动，还要能满足游客娱乐等功能的需要，能够提供日常的住宿、餐饮等服务，才能称得上是一个合格的休闲农业园。现在休闲农业景观不单是一种形式，养殖业、畜牧业、种植业、渔业等各个形式都有，并融合发展。休闲农业景观是以农业发展为基础，与二三产业发展相融合，延伸产业链条，提供农产品加工和休闲观光等服务于一体的新型农业景观类型。而休闲农业园是利用农业资源和农业生产条件，发展观光、休闲、旅游的一种新型农业生产经营形态。休闲农业景观的规划设计应充分利用当地农田风光、野生动植物资源、历史文化资源等深入挖掘开发潜力，促进三产融合发展，延伸产业链条，从而改善农村生产生活、经济收入等状况，促进农村现代化发展。

三、河北省休闲农业园区发展概况

（一）河北省休闲农业发展的基础条件

1. 社会经济条件

截至2022年，全省常住总人口7 420万人，比2021年末减少28万人。

其中，城镇常住人口 4 575 万人，常住人口城镇化率为 61.65%，比 2021 年末提高 0.51 个百分点。全省生产总值实现 42 370.4 亿元，比 2021 年增长 3.8%（图 1-1）。其中，第一产业增加值 4 410.3 亿元，增长 4.2%；第二产业增加值 17 050.1 亿元，增长 4.6%；第三产业增加值 20 910.0 亿元，增长 3.2%。三次产业比例为 10.4 : 40.2 : 49.4（图 1-2）。全省人均生产总值为 56 995 元，比 2021 年增长 4.1%（数据来源：河北省 2022 年国民经济和社会发展统计公报）。

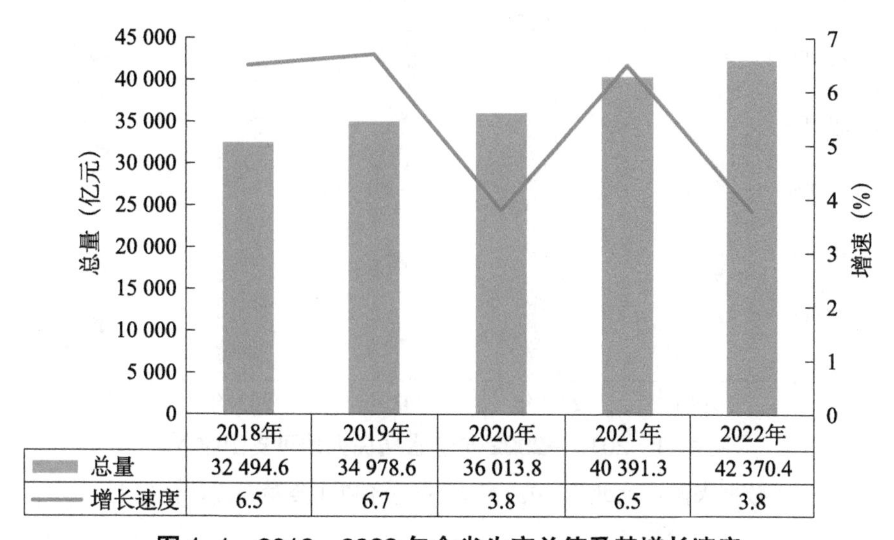

图 1-1　2018—2022 年全省生产总值及其增长速度

（数据来源：河北省 2022 年国民经济和社会发展统计公报）

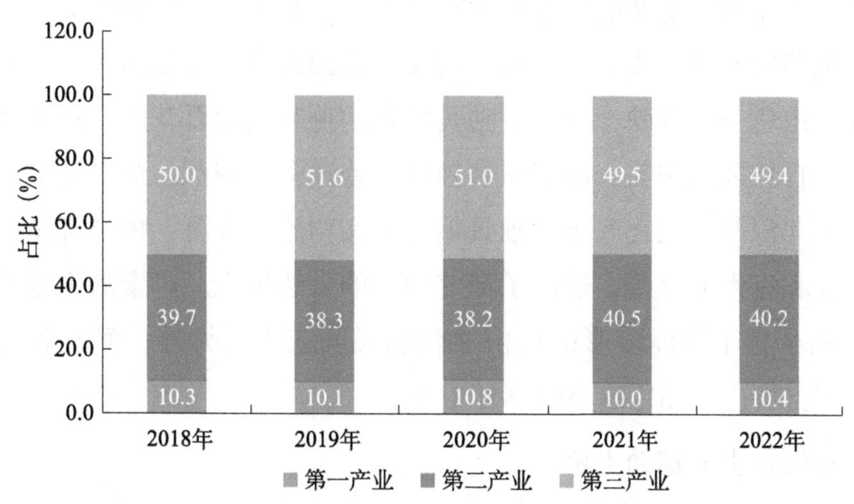

图 1-2　2018—2022 年三次产业增加值占全省生产总值比重

（数据来源：河北省 2022 年国民经济和社会发展统计公报）

2022年，河北省居民人均可支配收入为30 867元（图1-3），比2021年增长5.1%。按常住地分，城镇居民人均可支配收入为41 278元，增长3.7%；农村居民人均可支配收入为19 364元，增长6.5%。城乡居民收入逐年增加，居民消费能力的提高，城镇化率逐年提升，为河北省休闲农业的发展打下了良好的经济基础（数据来源：河北省2022年国民经济和社会发展统计公报）。

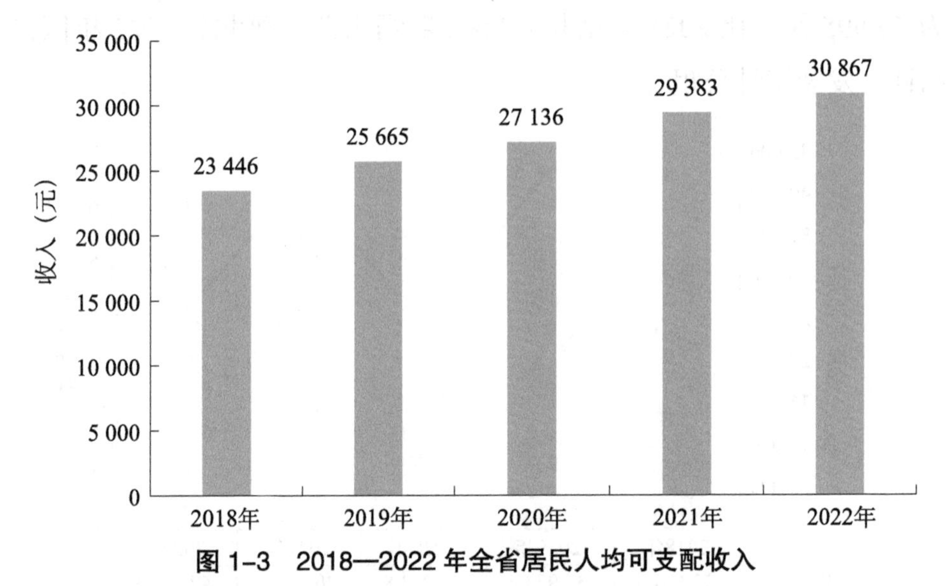

图1-3　2018—2022年全省居民人均可支配收入

（数据来源：河北省2022年国民经济和社会发展统计公报）

2. 人文历史条件

河北省作为华夏文明的重要发祥地之一，经过数千年的积淀，形成了丰富、独特的文化，成为名副其实的文化资源大省。璀璨的历史文化与秀美的湖光山色交相辉映，构成了独具特色的燕赵旅游百花园。这里文物古迹众多，自然风光秀美，民俗风情独特，特殊资源荟萃。众多的文物古迹形成了河北深厚的文化底蕴和独具魅力的文物旅游资源。种类齐全的地形地貌和温和宜人的气候，造就了河北独特的自然风光。广袤的土地和悠久的历史还孕育了绚丽多彩的民俗文化和民间艺术。另外，河北省物华天宝，许多土特产品和风味小吃享誉中华。

3. 旅游业发展韧劲十足

河北省旅游业发展始终以开拓京津冀旅游市场为重点，积极为国内外游客提供优质服务，形成“大旅游、大产业、大发展”的格局。面对新型冠状病毒散发、多发等挑战，2021 年全省旅游总收入达 4 424.4 亿元，比 2020 年同期增长 20.4%，比 2012 年增长 1.8 倍，实现由旅游大省向旅游强省的跨越。构建“一圈两带多点”京津冀大旅游格局。拓展旅游产业新领域，大力发展休闲度假旅游。依托古镇（村落）、文化名镇、旅游资源特色镇，打造一批滑雪、温泉、垂钓、探险等特色旅游休闲小镇。与美丽乡村建设相结合，拓展农业农村休闲、观光和体验功能，培育一批休闲农业与乡村旅游特色品牌。加快旅游产业转型升级，推动旅游产品由观光为主向观光、休闲、度假并重转变。加快实施“互联网 +”旅游，全面推进旅游信息化，建设旅游综合服务平台。2021 年，全省国内旅游人数达 4.3 亿人次，比 2020 年同期增长 12.9%，比 2012 年增长 87%。2022 年，全年接待国内游客 3.32 亿人次，创收（旅游总收入）3 008.88 亿元，同比分别下降 22.64% 和 31.99%（数据来源：河北省统计局官网）。

（二）河北省休闲农业发展历程（表 1–3）

表 1–3　河北省休闲农业发展历程

发展阶段	开始时间	发展特征
初步发展阶段	20 世纪 90 年代初	创办农家乐
转型发展阶段	2000 年	创办休闲农庄
规范发展阶段	2009 年	品牌评定、发展规范化
快速发展阶段	2016 年	发展新时代

河北省休闲农业发展开始于 20 世纪 90 年代，大致分为 4 个发展阶段。

一是初步发展阶段。从 90 年代初开始发展，跟随城镇化进程，城乡融合使城市居民到农村休闲旅游的人数逐渐增多，最早的休闲农业发展模式便在河北地区应运而生。农户利用自家的优势资源，创办“农家乐”，吸引游客过来，并提供农家院、农家饭，“农家乐”这种休闲模式，深受消费者青睐。

二是转型发展阶段。到了 2000 年以后，经营状况较好的“农家乐”逐渐开始转型创办休闲农庄（贺丽娟，2020），农村同时又集结了一批从事旅游、农产品加工等的企业兴办农庄，大力发展休闲农业。

三是规范发展阶段。2009 年开始，农业部（2018 年 3 月更名为农业农村部，下同）陆续出台一些文件和组织各类星级的评定工作，河北省根据农业部的部署工作，在全省范围内积极落实推动休闲农业的发展，出台相关的政策支持休闲农业，使其逐渐走向规范化、制度化。

四是快速发展阶段。2016 年 9 月，河北省在保定举办了首届旅游发展大会。首届旅发大会的成功召开，开启了河北省旅游发展的新时代，从 2016 年起，每年举办一次。河北省发展休闲农业特别注重与文化产业的融合发展，改革优化休闲农业与乡村旅游的结构，构建新的休闲农业发展模式。将休闲农业与城市文化旅游产业相结合，提高了综合优势，加大城市建设步伐，努力把河北省建设成为繁荣、美丽的现代化中心城市。

（三）河北省休闲农业发展现状

近年人们的生活水平逐渐提高，人们同时对生活的需求也提高了，尤其是城市居民的压力逐渐增加，开始向往回归到乡村的生活，亲近自然，感受淳朴的乡土风情，旅游观光的热点区域逐渐向乡村地区转移。河北省正是抓住了这个机遇，依靠河北省优越的地理位置和丰富的自然资源、人文资源等，积极扶持休闲农业与乡村旅游行业，不仅可以满足城市居民对自然景观和乡土风情的体验需求，同时也有利于推动农村经济的快速发展。

1. 发展模式

河北全省开展休闲农业和乡村旅游的乡镇近 400 个，涉及村落 1 800 余个，各类休闲农业区（农庄）1 300 多个，年营业收入超 500 万元以上规模的有 30 多家。全省经营农家乐农户近 2 万家，其中年营业收入超过 10 万元的农家乐经营农户为 340 家。2019 年上半年全省休闲农业与乡村旅游年接待人数 4 200 万人次，营业收入 64 亿元。2020 年后受新型冠状病毒的影响，河北休闲农业企业营业收入仅为 6 亿元，是预期值的 9.38%。因此，在新冠疫情过后，倡导绿色、健康的农业休闲旅游会逐渐增多，成为新的消费热点，健康消费的认知为休闲农业发展带来新契机。现河北省休闲农业发展主要有以下发展模式（李雪，2018），见表 1-4。

表 1-4　河北省休闲农业发展模式

发展模式	案例
休闲农庄模式	秦皇岛北戴河集发生态农业观光园、邯郸市广府农业产业园
农业科技园模式	邯郸鸡泽农业科技园区、河北阜平省级农业科技园区
采摘园模式	保定市易县百泉生态园、满城区农业科技园区（草莓）
观光休闲模式	邯郸涉县太行红河谷景区（巨幅稻田画）
农事景观模式	内丘百果庄园、顺平望蕊山庄
亲水渔趣园模式	秦皇岛渔岛景区、平山县东方巨龟苑
农耕文化古村落模式	井陉吕家村生态休闲旅游乡村、蔚县暖泉镇西古堡村
休闲酒庄模式	定州市黄家葡萄酒庄、张家口怀来瑞云酒庄
特色小镇模式	武强县周窝音乐小镇、馆陶县粮画小镇寿东村
现代农业庄园模式	渤海新区南大港现代农业庄园
田园综合体模式	迁西花乡果巷

2. 发展特征

（1）产业功能不断拓展

休闲农业不断向前发展，同时发展方式也在不断发生转变，要满足“吃、住、行、游、购、娱”的体验，需要构成的要素有“赏、采、耕、憩、尝、归、戏、淘、养”。这不仅是简简单单的采摘、住宿、餐饮，而是向“科技示范、休闲度假、农事体验”转变（康敏，2018），休闲农业与文化、旅游、教育、生态等众多产业不断融合，多元化发展，能够丰富文化内涵、拓展休闲农业功能、延伸产业链条。

（2）产业类型不断丰富

河北省休闲农业资源丰富，有利于休闲农业产业多元化发展，形成了多种类型的休闲农业产业，有休闲农庄、农业科技园区、采摘体验园、农事景观等多种多样的休闲农业类型。比如将创意农业和休闲农业相结合的邯郸涉县太行红河谷景区打造的“女娲飞天”巨幅稻田画在第六届河北省旅游发展大会亮相，深入推进农旅产业融合发展。还有以科技为引领，以农业为主元素，结合当地优美的自然景观和特有的人文优势，发展农、文、旅相互融合的休闲旅游农业模式的易县百泉生态园。

（3）品牌效应不断显露

随着休闲农业不断发展、产业类型的增加，河北省休闲农业品牌数量也持续增长，赵县梨花节、顺平桃花节、易县山花节等，与农事节庆相关的一些知名品牌影响力不断增强，例如顺平种植桃树历史悠久、品质突出，因此每年举办的桃花节吸引来自全国各地的游客，在节庆期间举办了盛大的桃花狂欢节，活动内容丰富多彩，成千上万的游客慕名而来，成为顺平旅游的一张靓丽的名片。还有前南峪旅游公司、定州黄家葡萄酒庄等一大批知名企业不断涌现，休闲游客数量和客源市场结构的变化展现了休闲农业的品牌效应。

（4）市场潜力不断挖掘

河北省休闲农业发展已经初具规模，同时也加快了对游客资源的开发与利用的速度，京津冀一体化政策后有着广阔的京津客源市场，还有周边山东、山西、河南等市场不断被拓展，能够扩大河北省休闲农业客源市场半径，不断延长休闲观光游客的停留时间。完善周末游的思维方式，增加“一日游”或“两日游”主题休闲项目，同时利用好“五一”“十一”“春节”等小长假，丰富文化内涵、拓展休闲农业功能、延伸产业链条，引导休闲观光游客从短期与体验为主向中长期休闲的方向转变。

3. 发展不足之处

（1）工业化思维特征明显

经济基础影响这一个地区产业发展的形态。河北省现在正处在工业社会的中期水平，人均收入以及对休闲的需求还没有达到能够自发地产生休闲农业体系的发展阶段。很多的休闲农业项目是为了满足一些高收入群体的需求或者是因为京津冀一体化发展，河北纳入了京津市场的范围，其他行业的资本为了商业利益而投入建设（姬悦 等，2016）。这些项目都有着很强的工业化思维特征，模仿性强、工业社会流水线工厂模式，不能深入地挖掘当地的文化资源、自然资源等，无法深入理解市场需求以及产品的特性。

（2）产品和发展模式层次较低

第一，优势资源未得到充分开发。河北省现在发展的休闲农业大多位于交通便利的省道、国道周围，或景区、大城市周边。交通便利，铁路和国家级、省级、市县级公路四通八达，游客可进入性较好。在部分自然资源丰富，开发潜力大的地区，例如具有生态优势和种植、林业优势的山区，区域特色突出，旅游资源丰富，反而因为交通不便利，限制了休闲农业的发展。

第二，开发模式单一。河北的休闲农业以生态观光、采摘体验、垂钓、餐饮等为主，虽然各地区的休闲农业产业发展类型不同，但各地的模式较雷同，差异化较小，体验性较差。还有一部分的休闲农业是基于项目开发而发展起来的，很少深入挖掘乡村文化资源与自然资源，针对整个村庄进行全域开发，乡村的环境还未美化，缺乏相应的基础服务设施。

第三，发展层次较低。大部分休闲农业园区以观赏、采摘、戏水、制作体验等为主，缺乏科技引领，相关的农业技术利用少、一二三产融合度低、产业链条延伸短、生产的产品类型单一、缺乏相关的文化产品打造。

第四，硬件设施简单。在农村地区发展的现代休闲农业，休闲农业设施很多以农业大棚、生态餐厅、观赏动物养殖、水上娱乐设施等为主，设施较为单一雷同。

第五，文化挖掘少。河北的休闲农业园区发展对当地的文化挖掘不够深入，并且缺乏文化创新，在发展过程中融入文化较少，并且以文化为主题的产品延伸开发少，比较难抓住市民对养生、健康等的高端心理需求。

第六，扶贫效应低。现在发展休闲农业的大部分是私企或个人，吸引的农村劳动力较少，当地农民的参与度比较低，带动当地的居民脱贫致富效应不高。

（3）政策及宣传力度不够

第一，政策推动力度不足，休闲农业产业发展缓慢。河北省的自然资源和人文资源丰富，休闲农业的基础资源和待开发的资源潜力巨大，但是在分布上比较分散，在管理和布局上很难实现聚集性；并且缺乏强而有效的宣传推介平台，对市民进行宣传的力度不足，很难使市民游客知道这个休闲农业园区。

第二，休闲农业缺乏配套的金融政策支持。发展休闲农业需要一二三产融合发展、延长产业链条，在种养、加工、三产服务等多个环节发展需要大量的资金投入，并且休闲农业园区的土地、住房不能做贷款抵押，大部分休闲农业企业的资金需求主要靠企业自筹解决，休闲农业的发展受到很大限制。

（4）景观规划设计环节薄弱

河北省的休闲农业园区在农业景观、自然景观方面的规划设计环节薄弱。自然景观和农业景观是休闲农业发展的两大硬性条件（王超 等，2016）。休闲农业在发展这两类景观时清洁度和安全性能不高，提升这两个指标在发展休闲农业园区的过程中有重要的意义。农耕文化是发展休闲农业必不可少的内容，在规划设计中农耕文化与自然景观建设的融合度低，没有将农业耕作的内容在景观元素中体现出来，外在形式与内在本质未做到实质性的相统一。

小 结

我国休闲农业的发展与各个地方所特有的自然生态环境以及经济发展水平关联密切。传统的农业产业以科技为引领与二三产业融合，可以助推农村经济发展，为农村经济发展提供新的思路。国内外休闲农业的发展为以后园区的建设积累了许多经验。在发展过程中要深入挖掘当地的要产业资源、本土特色、农业景观等，以丰富休闲农业园区的内容；要秉持“贴心服务，以人为本”的理念满足游客对休闲、体验的需求；政府要制定相关的政策，优惠政策向园区发展倾斜，规范园区的合理建设以及发展方向；搭建宣传平台，用创新的宣传方式，为园区提高知名程度，扩大市场影响力。

休闲农业园区的发展有利于支持“三农”政策，不仅促进了美丽乡村建设，优化了农业产业结构，更为农民增加了经济收入，促进我国农旅产业的发展。从休闲农业自然景观、农业景观、人文景观、人造景观四方面的美景度、乡土度、生态性、安全性、季节性等各个方面出发，总结出了建设河北省休闲农业园区景观规划设计发展的新思路。建设和谐的生态环境，可以引导休闲农业朝着可持续景观的方向发展，从而走出河北省休闲农业发展的新思路，加快美丽乡村环境建设。

河北省休闲农业发展迅速，取得了不错的成绩，但是起步较晚，休闲农业园区的建设还没有形成系统的理论体系，与地域文化融合度差，缺乏生态可持续的发展。这些问题需要从休闲农业园的景观规划设计建设角度进行深入研究，丰富休闲农业园景观规划设计理论体系，以期使我国休闲农业园的规划建设更加健康、持续、稳定发展。

第二篇

休闲农业园区景观设计理论与方法

一、景观设计概述

（一）景观的含义

“景观”一词最早在文献中出现是在希伯来文本的《圣经》（the Book Psalms）中，用于对圣城耶路撒冷总体美景（包括所罗门寺庙、城堡、宫殿在内）的描述。“景观”在英文中为“landscape”，在德语中为“Landschaft”，法语为“paysage”，在中文文献中最早出现景观一词还没有人给出确切的考证（陆翔 等，2009）。但无论是东方文化还是西方文化，“景观”最早的含义更多具有视觉美学方面的意义，即与“风景”（scenery）同义或近义。文学艺术界以及绝大多数的园林风景学者所理解的景观也主要是这一层含义（俞孔坚 等，1997）。各种词典（Webster's，1963；牛津英语词典，1933；辞海，1979）对“景观”的解释也是把“自然风景”的含义放在首位。单独定义“景观”，它与规划、园林、生态、地理等多种学科交叉、融合，在不同的学科中具有不同的意义。

广义的景观是指从微观到宏观的各个尺度上，为人类或生物所感知，具有异质性的空间单元。狭义的景观是指由不同生态系统或土地利用类型所组成的异质性地理单元，其范围通常为几公里到几百公里。

（二）景观的分类

按照空间布局景观分为规则式景观、自然式景观和混合式景观。规则式景观以建筑空间布局为主体，注重秩序、对称和平衡。整体布局拥有一条清晰的主轴线，轴线的两侧呈对称式排列。整洁而有序，拥有独特的形状和颜色是规则式景观留给观赏者的主要印象。自然式景观则与之相反，其特点是轴线不明显，其曲线也是毫无规律可言的。自然式景观具有丰富多变和深刻且含蓄的特征。混合式景观是将规则式景观设计和自然式景观设计的特点进行有机的结合，在现代景观设计中应用广泛，不仅可以充分发挥传统自然式景观设计的优势，还可以吸纳西方规则式布局的优势，从而既可以采用有序明亮的规则式图案，也可以采用变化多样的自然风格。应用手法包括在大型现代建筑周围采用规则式的景观布局，以及在远离主体建筑的区域采用自然式景观设计。规则式设计可以补充建筑物的几何轮廓，作为其延伸，并与其相协调。然后利用地形的变化和植物的配置逐渐向自然式景观过渡，构成过渡自然、和谐美观的景观格局，因此在现代景观设计中被广泛采用。

从物质构成上分类，可分为硬质景观和软质景观。硬质景观指用硬质材料构成的景观，如用钢筋混凝土结构构建的各类建筑物、雕塑、大理石和花岗石铺地等，能够长期保持，成为永久性景观。软质景观指用软质材料构成的景观，如草坪铺地、造型灌木、喷泉瀑布等水景。这种软质景观，一般都具有维持时间较短的特性。

按照景观的性质和形成方式，分为自然景观、人工景观和综合性景观。自然景观指靠自然界本身的运动变化而天然形成的景观，如海滨景观、山地景观、湖滨景观、森林景观等。人工景观是用人工的方法创造符合人们审美意愿的景物，如园林景观、设计艺术、室内布局、建喷水池等，人工景观有调节气温，降低风速，保持一定的湿度和温度的作用。综合景观分为游憩、娱乐、保健、城乡景地等类型。

农业景观是综合景观中的一种，突出的特征是开发农作物的观赏价值，充分利用农作物的结构特征来体现其美学价值，农田景观（farmland landscape）是耕地、林地、草地、水域、树篱、道路等的镶嵌体集合，表现为有机物种生存于其中的各类碎片栖地的空间网格。或者说农田景观通常情况下是以林地、草地、水域、居民点和工矿企业等为镶嵌体，以农田防护林、道路、沟渠、田坎等为廊道，以耕地为基质的网格化景观体系。不同的农业景观可以带给人们不同的观感，比如农作物丰收景观可带来收获的喜悦、农耕与田园景观带来诗意淳朴的感受、具有乡土特色的乡村生活让人增加思乡之感，以及现代高科技农业带来的惊奇与对未来的展望。这种新型的农业景观，不仅满足了农业本身的生产功能，同时也使得乡村旅游方兴未艾，是农民经济收入大幅增加的“发动机”。

二、休闲农业园区景观设计的原则

农业园区不是人们通常所述的与生态农业、旅游农业、高效农业等同意义上的生态农业观光园，它是在现代农业基础上，集合现代农业建设的实践经验，迎合社会经济发展和人们对美好生活需求变化而被提出。园区把优化、美化生态环境作为项目建设的基础条件，甚至把争取旅游发展与环境保护的永久和谐作为符合社会主义新农村建设的总体思路，这样有利于资源与环境的可持续利用。游客既可以体验到园区与环境的和谐，又可以体验到乡土风情、特色饮食和民俗文化。在休闲农业园区景观规划设计上，我们可以遵循以下原则。

（一）资源综合利用原则

资源是休闲农业园区发展的前提。中国是一个资源相对匮乏的国家，如何开发、利用和保护农业的自然资源和农村的人文资源，成为旅游休闲农业园区设计首要考虑的问题。休闲农业园区要因地制宜，充分发挥资源优势和项目特色，非常有利于资源的开发、利用和保护。休闲农业园区发挥农业的多功能性，能够充分利用资源从而产生一举多得的效果，这是资源综合利用的体现，资源的价值也由此得到提升。

（二）自然生态原则

休闲农业园区作为一种先进的农业景观开发形式，伴随着人类活动的增加，其自然植被斑块逐步变少，人地矛盾突出，随着旅游人数的增多，也给环境带来了污染。园区的生产生活需求必然会对生态方面产生影响，所以，在设计之初不仅要注意环境管理，更要避免对周边环境的不良影响。景观规划的自然生态原则是创造园区恬静、适宜、自然的生产生活环境的基本原则，是提升园区景观环境质量的前提。

（三）环境优化、美化原则

休闲农业园区重视景观效果和绿色氛围的营造，对保护生态和优化、美化环境具有积极作用。生态旅游是观光休闲农业园区的一个主要成效，优化、美化环境是休闲农业园区的前提。特别值得一提的是，各地观光休闲农业园区，包括已有的和在建的，都非常注重绿色植物的栽培，全力根除环境污染，打造“生态停车场”“生态餐厅”“生态屋室”“生态商店”，穿上“生态服装”，让游客沉浸在一个简单、自然、安静的环境之中。这些方式表明，休闲农业园区成为农业发展的新趋势，优良的园区环境和美丽的自然景观是园区发展中的必然要求。

（四）独特性原则

特色是园区发展的命脉，越有特色其竞争力和发展潜力就越强，因此规划设计要与园区的实际相结合，明确资源特色，选准突破口，使整个园区的特色更加鲜明。因地制宜充分利用当地的产品、风景、民俗等旅游景点，设计不同的休闲农业产品，搭建更好的项目平台。广大经营者要敢于突破常规的限制，拓宽思路，创造新的产品，特别是更多地参与型体验式的项目，开办休闲、观光、教育、科技、度假、民俗、养生、商业等多层面的旅游吸引物，形成商业的核心竞争力。

（五）经济性原则

经济性原则是休闲农业园区建设的根本原则，也是休闲农业园区存在和发展的重要支撑。规划设计应将经济生产纳入园区建设。比如开展农作物的采摘、农产品的加工销售等，提高农业产业的经济效益。

（六）文化性原则

谈到农业时，人们重点考虑的是它的生产功能，文化内涵考虑得比较少。因此经常看到的一些没有文化没有内涵的农业园区，这样的园区缺少其核心吸引力。农业是第一产业，是人类生存和一个国家发展的基础，其潜在的文化是深厚而博大的。在园区的景观设计中，要开发其固有的文化资源，并加以利用，提升农业园林的文化品位。

（七）多样性原则

不同的群体有不同的需求。在园区景观的规划设计中，充分考虑面向群体的喜好，体现景观景色、体验项目、农业资源、设施的多样性，满足不同游客的需求。

（八）可持续发展原则

可持续发展是中国乃至全世界倡导的话题。由于资源匮乏，生态破坏严重，做休闲农业必须遵循可持续发展的原则。目前，可持续农业已成为世界农业发展的主要趋势之一。在中国可持续发展的总体战略中，农业和农村的可持续发展占有重要地位。农业园区是农业产业发展的聚集区，具有引领性作用，在规划设计运营过程中要充分考虑可持续发展的需要，做到资源合理开发利用，大力发展绿色农业。

三、休闲农业园区景观设计的相关理论基础

（一）景观生态学原理

1. 关于斑块的基本原理

（1）斑块尺度原理

通常来看，只有大型的、大面积的自然植被斑块才能保护水源，连接河流系统和维持森林物种的安全和健康，保护大型动物并使之保持一定的种群规模，并允许自然干扰（如火灾）的交替发生。总体来说，大型斑块比小型斑块携带的物种更多，特别是一些可能只存在于大型斑块核心区的特有物种。对于某些物种来说，大斑块更能维持和保存遗传的多样性，但是小斑块也可能是某些物种躲避天敌的避难所（俞孔坚 等，1997）。

（2）斑块数目原理

减少 1 个自然斑块，就意味着消除 1 个栖息地，从而减少景观和物种的多样性和某一物种的种群规模。增加 1 个自然斑块，就意味着增加 1 个

备选的庇护所，增加 1 份保险（程绪珂 等，2006）。正常来说，2 个大型的自然斑块是保护某一物种所必需的最低斑块数目，4 ～ 5 个同类型斑块则是维持该物种长期健康和安全的理想选择。

（3）斑块形状原理

能够满足多种生态功能需要的斑块的理想形状应该包括一个较大的核心区和一些引导作用并能与外界相互作用的边缘触须和触角。圆整形的斑块可以使边缘圈面积最小化，核心区面积比最大化，减少外界干扰，有利于物种在林中的生存。但圆整的斑块不利于与外界的交流。

2. 廊道的基本原理

（1）连续性原理

人类活动分割了自然景观，阻碍了景观的功能流动，因此加强孤立斑块之间的及斑块与种源之间的联系，是现代景观规划的主要任务之一。联系相对孤立的景观元素之间的线性结构称为廊道。廊道有利于物种的空间运动，有利于物种在先前孤立斑块生存和延续。从这个意义上说，廊道必须是连续的（沈洁，2009）。

（2）廊道的数目原理

假设廊道有利于物种空间运动和维持，则 2 条廊道优于 1 条廊道，多 1 条廊道可降低一分被截留和分割的风险（夏仲群 等，2010）。

（3）廊道宽度原理

越宽越好是廊道建设的基本原理之一。如果廊道达不到一定的宽度，不仅无法维护保护对象，还会为外来物种的入侵制造机会（刘世梁，2012）。

3. 景观异质性与多样性原理

（1）景观异质性原理

景观本质上是一个异质系统，正由于异质性，才形成了景观内部的物质流、能量流、信息流和价值流，从而导致了景观的演化、发展与动态平衡。一个景观的结构、功能、性质与地位主要取决于它的时空异质性。景观异质性与景观稳定性之间是一种相互依存、相互影响的关系，是保证景观稳定的源泉。

（2）景观多样性原理

景观多样性表征不同景观间的差异，是指景观单元结构和功能方面的多样性，多用于不同景观间的比较。结构上表现为类型多样性（type diversity）、斑块多样性（patch diversity）和格局多样性（pattern diversity），功能上表现为干扰过程、养分循环速率、斑块稳定性和变化周期等。实际工作中常用多样性指数来描述景观多样性，而用得较多的是丰富度指数和均匀度指数。

（3）景观异质性与景观多样性关系

景观异质性与景观多样性既有联系又有区别。景观异质性的存在决定了景观空间格局的多样性和斑块多样性。一般而言，景观异质化程度越高，越有利于维持景观中的生物多样性。相反，保护景观多样性也有利于保护景观异质性。

园区景观规划设计应遵循景观生态学的原理，从功能、结构、景观等方面确定园区规划发展目标、保护集中的农田斑块，因地制宜地增加绿色廊道的数量和质量补偿景观的生态恢复功能。

（二）景观安全格局原理

俞孔坚于1995年提出了景观生态规划的生态安全格局方法。该方法把景观过程（包括城市的扩张、物种的空间运动、水和风的流动、灾害过程的扩散等）作为通过克服空间阻力来实现景观控制和覆盖的过程（俞孔坚，2003）。为了有效地实现控制和覆盖，必须占据战略和关键的空间位置和环节。这种战略位置和联系形成了景观生态安全格局，对生态过程的维护和控制具有重要意义（陈志锋 等，2004）。应根据景观过程的动态和趋势，区分和设计生态安全格局。不同安全水平上的安全格局为城乡建设决策者的景观改变提供了辩护战略。因此，景观生态安全格局理论不但同时考虑到水平生态过程和垂直生态过程，且满足了规划的可辩护要求。景观安全格局理论尤其在把景观规划作为一个可操作、可辩护的非自然决定论的过程，和在处理水平过程显示其意义。

景观安全格局理论把博弈论的防御战略，城市科学中的门槛值，生态与环境科学中的承载力，生态经济学中的安全最低标准等数值概念体现在空间格局之中，从而进一步用图形和几何的语言或理论地理学的空间分析模型来研究景观过程的安全和持续问题，并与景观规划语言相统一。

多层次的景观安全格局，有助于更有效地协调不同性质的土地利用之间的关系，并为不同土地的开发利用之间的空间交易提供依据。某些生态过程的景观安全格局也可作为控制突发性灾害，如洪水、火灾等的战略性空间格局。景观安全格局理论与方法为如何在有限的国土面积上，以最经济和高效的景观格局，维护生态过程的健康与安全，控制灾害性过程，为实现人居环境的可持续性等提供了一个的新思维模式，对在土地有限的条件下实现良好的土地利用格局、安全和健康的人居环境，特别是恢复和重建城乡景观生态系统，有效地阻止生态环境的恶化有潜在的理论和实践意义。

农业景观安全格局由农田保护的面积、数量及它们之间的关系构成，并与人口和社会安全水平相对应，使农业生产过程得以维持在相应的安全水平上。

（三）景观可持续发展原理

景观的可持续发展则可以理解为地球生态遭到严重破坏，自然景观的结构、组成和功能因土地利用和气候变化而发生改变，如何合理配置和设计景观生态学的基本要素，以实现人类或生物（生态系统等）生存和社会经济发展的景观。因此，景观可持续发展的核心是探索人与自然的和谐共存的关系。

鉴于景观元素在生态系统中的分布格局，这些元素在动物、植物、能源、矿质营养和水之间的流动，以及景观随时间的生态变化，景观的可持续发展还包括景观格局的可持续、生态系统的可持续、景观利用的可持续。景观的可持续性是指从整体空间格局的角度探讨景观的可持续性，建立可持续发展的生态基础设施。生态系统的可持续，是指将景观视为一个生态系统，通过调节生物与环境的关系，维持和完善能源资源循环和再生系统，实现景观设计的可持续发展。景观使用的可持续，是因为地球上的资源有限，对景观必须采取一种可循环、持续充分的利用方式。

景观可持续发展是一种自然与社会和谐统一的理念。因此，景观设计应以人文主义和生态主义为基础，尊重自然，掌握自然规律，顺应自然，减少人为改造自然环境的盲目性；同时，要注意把握具体区域自然环境的特点。在进行景观设计时，要尽可能避免对原生态环境的破坏，充分了解景观设计环境中生态系统的特点，尊重环境中其他生物和生态的需求。其次，景观设计在满足生态发展要求的基础上，还需要考虑景观对区域的价值及其对社会经济的影响。

农业的可持续发展，要求人们的农业生产经营活动及其生存，必须以人与自然和谐共处为标准。人们通过改造自然来提高农业生产力的同时，绝不能牺牲资源或破坏环境来换取暂时的增长。因此，农业园区的规划设计和建设必须突出：自然景观与人文景观的融合；将原有农业景观与旅游观光相结合；注重对休闲农业发展所依赖的土地资源、水资源等自然资源的保护和合理开发，不断提高资源的质量和利用率，使休闲农业能够长期、稳定、可持续地成长和发展。

四、休闲农业园区景观的构成与要素

（一）休闲农业园区景观的构成

休闲农业园区中的农业景观带有不同程度的自然属性和人文属性，具有经济、生态和美学价值。它更偏向于自然性，也包括人们动态的劳动过程及在劳动过程中所产生和积累的习俗和文化遗产，由生产对象、生产环境、生产劳动构成。

1. 生产对象

农业生产核心的内容就是生产对象，无论是规整开阔的稻田、麦地，还是组合多样的瓜园、菜圃；无论是色彩缤纷的花田，还是绵延起伏的果林都带有农业生产健康向上、蓬勃活力的美感。这种特征鲜明的审美取向不同于中国古典传统美学所推崇的小家碧玉和雍容华贵，不同于中国古典园林所追求的方壶意境。农作物给人带来的不仅是一种人与自然和谐相处的审美体验，同样也能给人满足感与安全感，一种通过辛勤劳动和努力耕耘而有所收获的快乐体验。

2. 生产环境

除此之外，还有更为自然和未经人类干扰开发的景观元素，虽然乡村中纯粹的自然景观已变得越来越少，但乡间农业独有的气候、地形、土壤、水文等要素同样与农作物一起为农业景观的形成提供了基础的背景要素。这样的背景虽然不能完全地被引入城市公园的造景之中，但依然可作为一种抽象的概念形态，赋予农业景观特有的地域和文化性征，与景观主体形成一个完善的整体意境。

3. 生产劳动

农业作为生产性活动，其景观设计不仅指静态的农田景象，也包含了人类劳作的动态美感。作为劳动要素的组成部分，劳动者和劳动工具都从社会文化层面折射了农业景观的美学内涵。劳动工具的创造和运用凝结了千百年来人类的朴素智慧，劳动者在田间劳作所形成的动态画面更形象地表现了人与自然的和谐共处。

（二）休闲农业园区景观的要素

农业园区景观是多种景观要素的综合体，其中自然要素主要包括地形地貌、土壤与道路、水体与气候、动植物等；生产要素包括农田和农业设施等；人文要素包括人文历史、民俗风情、农业文化等（杨飏 等，2014）。

1. 地形与地貌要素

地形是指地物形状和地形的总称，特指固定物体分布在地表以上的各种起伏状态。地形和地形并不完全相同，地形向局部倾斜，而地貌必须是整体特征。地形地貌是构成休闲农业园区的景观建筑，直接影响园区内农业景观的本质面貌和格局。总的来看，地形决定了现代农业园区的整体空间形态（刘莹 等，2012）。不同的地貌会形成不同的空间层次，良好的地形地貌会形成现代农业园区独特的景观。在现代农业园区建设中巧妙地利用地形设计，可以创造多样的景观空间，如丘陵和山地地形，可以形成开放、封闭等自由变化的多层次空间。

2. 水体与气候要素

水是生命之源，没有水就没有农业，水是园林艺术中不可缺少的、最具有魅力的元素。水景的透明、反射、颜色、运动、声音等，能给环境带来精神力量，拉近环境与人的距离。休闲农业园区中的水体主要包括人畜饮用水、灌溉用水、养殖用水、运输用水、景观用水等，其中湖泊、池塘、池沼等为静态水体，水渠、喷泉、溪涧、跌水等为动态水体。静态水体加上天然的护岸或观赏或垂钓，给人一种宁静休闲的感觉，动态水体可在听觉、视觉、触觉上给人带来动态的美，让人们感受到大自然的氛围。

气候为农业生产提供光、热、水、空气等能量和物质，是农业自然资源中不可缺少的部分。现代农业园区景区化的目的是为大家营造一个舒适的观光休闲环境，气候特征中的年度、季节和日间温度的变化是选择景观场地和朝向应首先考虑的问题，在整合自然景观要素时要特别注意园区所在地雨、露、霜、雪和季节性的湿度变化，阳光、日照变化和风向、风速及暴风雨的路径与日期变化。气候资源决定着园区的种植体系，包括作物的结构、成熟度、配置与种植方式。

3. 土壤与道路要素

土壤是大气、水、生物和岩石长期相互作用的产物，是农业生产与发展的重要基础，也是人类赖以生存的基本资源。现代农业园区的景观是地形、母质、气候、生物、土壤的综合体，不同的土壤系统是地形和水条件等景观要素随时间变化的结果。

休闲农业园区中的道路可视为廊道，是具有传导或阻隔功能的线形或带状景观元素，也可连接园区内的各个景观节点空间，将开阔的草坪、茂密的树林、现代化的温室大棚、大面积的稻田等空间连接起来，使园区整体景观紧密相连，增加空间层次感，给人以视觉上的引导。休闲农业园区道路既要满足园区生产、生活、交通、旅游、消防、环保等方面的需要，又要在路网规划、道路等级、路线选择等方面满足使用任务和性质的要求，也要合理利用地形，避免对地形、风景、景观造成破坏。种植区应尽量保证土地整洁，便于土地利用和农业生产经营，尤其要考虑到现代农业机械的使用。

4. 植物与动物要素

农业园区是以植物、动物及其优质、高产、高效、生态、安全生产为主要功能的高科技农业产业区（周炜坚，2019）。现代农业园区造景的主要目的是利用动物、植物等元素塑造景观、创造景点，使休闲农业园区在从事农业生产的同时，可以从事景观生产，实现园区内农业与旅游的融合。公园里的植物是最多样化的景观元素。在现代农业园区的景区化过程中，结合园区的地形地貌，将具有生理活动的植物景观封闭在自然多变的观赏空间中，造成植物生境的不同变化；首先考虑当地适应性强的植被，然后选择一些经济价值和观赏功能兼备的经济林和水果。要注重以农为园，以树为园，充分体现农业园区特色；通过合理把握乔木、灌木、草本植物之间的相互关系，强化植物景观的层次性变化，营造有节奏、多样的植物景观，形成垂直距离与水平距离相互结合、相互融合、相互促进的景观立面；通过科学合理地选择植物种类，强调与其他类型植物的结合，利用植物叶片的交替萌发生长、开花结果、叶片变色，创造具有四季的风景园林景观，是园区景区化的重要手段。

动物可以为现代农业园区的景观带来活力，同时，它们可以用来创造丰富多彩的、有特色的园区景观。例如，利用水体养鱼，可以创造池塘养鱼、赏鱼、钓鱼等景观；园区里的树木、花草、假山、沼泽，在动物的点缀下，显得更加生动活泼，达到动静结合的效果，营造出浓郁的氛围。同时，公园内动物的收养、繁育、训练、表演等也可以增加园区的吸引力。

5. 农业设施

农业设施景观具有技术应用、美学和艺术的双重作用，但这种双重作用是不平衡的，主要体现科学原理，艺术加工处于次要地位（吴浩辉，2011）。因此，在规划园区时，要在体现技术原则指导的同时，将其与艺术表现有机结合；例如，农业高新技术示范区的智能温室也可以考虑其艺术特点，如温室形状、颜色、材料的设计和选择，遵循科技原则的规划理念（陈宇 等，2010）。

6. 农　田

根据地形高度和地形特点，在园内安排不同种类、不同颜色的农作物，在空间上形成美观有序的景观布局。从入口到园区，成熟作物可由早到晚排列，通过对部分茬进行科学合理的排列，形成一种随时间顺序变化的景观特色。

7. 人文历史及民俗风情

历史文脉是一个城市在长期发展过程中逐渐积累的独特文化精华，充分体现了该地区的发展变化。规划设计的目的是继承该地区的历史文化遗产，作为创新的起点，并振兴景观（何丹，2021）。在休闲农业园区的规划过程中，需要深入挖掘地域文化、历史、民俗元素，并将这些元素巧妙地融入景观设计中。这既体现了地域特色，又产生了弘扬地域文化的效果。地域文化元素比自然环境元素更为抽象。提取地域文化元素需要从体现地域特色的景观资源中提取可用于设计的元素，对其进行处理、加工之后，使之成为景观符号，有利于人们更好地理解景观内涵，感受场地所特有的文化特色。

8. 农业文化

休闲农业园的发展要立足农业，体现出农业特色。优质的休闲农业园必须要依托当地资源和当地农民，产品必须有特色、有亮点、有内容。借鉴日本和中国台湾农业的经验，充分挖掘地域资源，整合文创元素，不断创新，提供“本土人文美学”“本土烹饪特色”“农业技能教育”“自然环境场域”等多维度旅游休闲资源，带给人们幸福事业的参与感，引领人们接受新型乡村田园生活方式。

充分挖掘区域资源，融入文创元素，不断推陈出新，使其具备“乡土人文美学”“地方食艺特色”“农业技艺教育”“自然环境场域”等多维度的观光与休闲资源，带给人们幸福事业的参与感，引领人们全新的乡村田园生活方式。

通过挖掘现代农业文化及传统农耕文化，采用演绎表达、实物表达、意境表达等多种方式进行农业文化的传播，向人们展现多层次、多维度的农业文化。

五、休闲农业园区景观设计的过程与方法

（一）休闲农业园区景观设计过程

1. 前期准备阶段

（1）了解政府方针政策

在规划设计之前，首先需要了解当地的农业市场发展和政策，并与规划组织者进行沟通。由于农业是我国的基础建设，政府的政策对园区的设计具有重要的指导作用。还需要与园区所在地的主管部门进行沟通，掌握园区的发展方向和定位。

（2）收集相关基础资料

重点是地方政府规划部门积累的信息和相关监管部门提供的专业信息。内容一般包括项目的调查测量数据、气象和土地利用数据、建筑和设施数据、交通和工程设施数据，以及水源、土壤、植被等。

（3）现场调研

农业园区的景观设计者必须对园区的概念有明确的形象，所以，必须亲自去现场调研，调研内容一般包括土地现状、现有设施条件、农业产业、周边状况等。

2. 规划设计阶段

景观设计通常分为概念设计、总体设计和详细设计三个层次（王建国，2021）。每个层次既是独立的设计元素，又是相互关联的。概念设计是对未来愿景的描述和全面理解，具有指导意义。休闲农业园区概念设计是园区发展的战略部分，要在分析项目区基本条件的前提下，提出战略目标、战略思想等内容，总体把握园区的发展方向；总体设计是在概念性战略思想的基础上，在 3 ～ 5 年完成现代农业生态园的发展目标、发展规模、

土地利用、空间布局以及各项建设综合部署、实施措施；农业园区的详细设计是以园区总体设计为依据，对园区内的土地利用、空间环境和各项建设用地所做的具体安排。

3. 成果文本和图纸设计阶段

通过详细的图纸和文本表现农业生态园景观设计的具体形式，包括整体功能定位、风格设计、交通设计、水利设计、绿化设计、通信和技术经济指标等。

4. 方案评估和审批阶段

最后的设计成果要有共同的评价标准，来判断设计的“优与劣”，选出适合的方案。通过组织相关政府负责人、承办者单位主管和专家，对设计方案进行评审或论证，方具有实施的权威和效力。在实施园区设计方案的过程中，要经常检查设计的可行性和实际效益，根据新发现的问题对原方案做出必要的调整、补充或修改。

（二）休闲农业园区景观设计方法

1. 空间上的组织分布

如果整个农业园区采取均质的划分，就会缺乏视觉的空间效果，所以在进行园区设计的时候空间界限很重要，要让这些界限进行空间的分割、引导。例如在农业园区的设计过程中，在空间上以水陆两线进行串联，可以把陆线的绿化作为串联整个园区的轴线，再加上辅助的交通轴线把整个园区串联在一个空间范围之内。在轴线的设计上一定要有点缀，这样的设计就不会显得单调，行道树或是其他的树种可能都是比较好的选择。水轴的设计会让整个园区的设计如虎添翼，水轴的设计不仅可以与陆线相呼应，而且可以满足不同人群对不同特性景区的需要，充分地让园区内点、线、面融合，彰显农业园区的空间组织结构。

2. 视线的收放

现代农业园区注重旅游观光的功能，要求在景观设计的过程中，要注意视线和隐蔽景观的结合，那些妨碍观赏和有碍心情的景物要遮挡起来，比如园区内的垃圾场、农家肥的堆放地、管线、破旧的围墙等。

3. 园区的完整性与功能性区分

园区在设计过程中一定要注重景观的完整性和功能的区分，保证园区有丰富的、多层次的格局。设计的过程中还要注意根据活动的内容不同，进行功能的分区。例如一个生态园区可以划分成几个景观带，再根据功能划分成几个重要的景区，让景观带和景区相互辉映，这样就变得更加和谐统一。

4. 景观带与点的设计

景观点一般会设计在园区比较显眼的位置，它的主要意义是标志和指向。入口处的景点作为主要的交通组织处，一般会以广场或是标志性的建筑为特征。为了突出整个园区的主题，主要园区的中心位置一定会是标志性的景观。同时一个现代的农业园区应该涵盖整个城市的自然、历史、文化的景观特点，所以设计园区的时候应该注意融入特色的景观。

景观带与景观区的设计一般是以天然的水系或道路为依托，对整个园区的结构和交通进行组织。在景观带中设计的景观区一定要符合每个区域的功能和文化特点，比如将景观规划设计中划分为历史性景观区、人文性景观区、功能性景观区等。

5. 景观水体设计

水体是一个园区的灵魂，在水体设计的过程中应该首先考虑选择低洼的地区修建水系，利用有利地势方便蓄水，同时要明确水循环系统的源头，保证水体的自然融入，保证在不破坏原有水体特征情况下，布置相应的水文景观，放养金鱼、鹅等动物增加景观的生机和活力。

景观设计一定要考虑到生态文明的建设，把生态和文明有机地融合到一起，其中现代农业园区特色的生态文明主要包括民俗的活动：民俗的娱乐节目、节日庆祝活动、语言和配饰等；还有农耕文化，包括游客可以亲自耕种和采摘体会农耕的乐趣等。

第三篇

案例实证

实证一
黄骅市旧城镇现代高效农业生态园区规划（2016—2025年）

一、概　述

本实证略。

二、规划背景与依据

（一）规划背景

2015年，河北省委、省政府发布的《关于加快现代农业园区发展的意见》（简称《意见》）明确提出：要按照生产要素集聚、科技装备先进、管理体制科学、经营机制完善、带动效应明显的总要求，坚持产出高效、产品安全、资源节约、环境友好的现代农业发展方向，高起点谋划、高科技引领、高标准建设，打造一批万亩以上的一二三产融合、产加销游一体、产业链条完整的现代农业园区。在全省农业现代化进程中发挥示范引领作用。沧州市委、市政府高度重视现代农业园区建设工作，将建设现代农业园区作为考核各县市农业科技工作的主要指标。黄骅市作为沧州渤海新区的农业主战场，理应成为河北沿海地区发展和改革开放的排头兵。黄骅市旧城镇现代高效农业生态园建设就是落实省委、省政府《意见》要求，当好沧州渤海新区农业发展排头兵，引领沿海地区农业发展的一个示范项目。

（二）规划编制依据

本实证略。

（三）规划范围与期限

1. 规划范围

黄骅市旧城镇现代高效生态农业产业园区位于黄骅市西南 20 公里处，涉及寺东、大堤柳庄、小堤柳庄、旧城、大马闸口、东田马闸口、李马闸口、金马闸口、霍马闸口、陈马闸口 10 个村庄。园区总面积 32 823.30 亩（15 亩 =1 公顷，后同），耕地总面积 29 381.80 亩。

2. 规划期限

2016—2025 年，分三期完成。

第一期：2016—2017 年，调整结构、转型升级阶段。

第二期：2018—2020 年，综合推进，辐射推广阶段。

第三期：2020—2025 年，小康后发展提升阶段。

三、园区概况

（一）黄骅市概况

本实证略。

（二）园区概况

1. 区位与面积

黄骅市旧城镇现代高效生态农业产业园区位于黄骅市西南 20 公里处，涉及寺东、大堤柳庄、小堤柳庄、旧城、大马闸口、东田马闸口、李马闸口、金马闸口、霍马闸口、陈马闸口 10 个村庄，园区总面积 32 823.30 亩。

2. 农业资源状况

园区北起旧城镇寺东村，沿 205 国道向西南，南至东田马闸口村，然后向西至霍马闸口村，呈“J”字状。旧城镇为农业大镇，境内生态环境良好，绿化覆盖率高，无污染产业，富有田园风光。自古以来就有种植果树传统，全镇瓜果产品名列黄骅市各乡镇前列，冬枣、葡萄等优势产品远近闻名。205 国道沿线现有 5 000 多亩优质果品园，东田马闸口村、陈马闸口、霍马闸口设施农业发展已初具规模，以冬枣、葡萄为主的果园建设已形成规模，并有稳固的市场基础。

3. 土壤肥力与农业自然资源状况

园区土壤类型为轻壤质滨海潮土和砂壤质滨海潮土，砂黏适中，但肥力不高，耕性好。土壤 pH 值 8.5 左右，为偏碱性土壤，有机质含量水平在 15 ～ 10 克 / 公斤，为 4 类土壤。

水资源短缺，灌溉条件有限，地下水可供春季灌溉一次用，但随着农业生态环境建设的要求，减少地下水开采，已成为河北低平原农区面临的主要任务。因此从大浪淀水库引水、利用排干渠储水和建设坑塘储水是缓解水资源矛盾、改善农田灌溉条件的主要途径。

园区属暖温带大陆性季风气候区，四季分明、光照充足，降水量偏少，降水量年际变化显著，年内分布不均，有春旱、夏涝、秋吊的特点。

4. 农业经营企业与农村专业合作社初具规模

园区农民种植专业合作社或农业经营企业发展良好，种植规模和效益均获得快速发展。

河北艺隆园林科技有限公司在寺东村建设的艺隆生态园规划面积 3 815.12 亩，已初具规模。公司以特色苗木繁育和生态园建设为主业，已建成 300 亩的博裕海棠苑，每年春季酒红色的海棠花竞相绽放，吸引游客流连忘返。海棠园周围种植有国槐、白蜡、柳树等绿化苗木，现已种植 200 亩。

寺东汇新农种植专业合作社、东田大马的无瑕生态园、陈马口的宏超家庭农场以及果一然、建华、沃野等专业合作社分别在果品种植、设施农业和绿化苗木等领域取得较好成效。这些农业经营组织急切盼望政府搭台、企业唱戏，统一规划，建设现代生态农业园区，以优良的生态环境、高效的种植、养殖产业引领黄骅市乃至沧州沿海地区农业发展。

5. 乡村旅游及新农村建设基础良好

以小堤柳庄和旧城为代表的乡村旅游设施和美丽乡村建设实现快速发展。

小堤柳庄始建于明永乐二年，因居柳河古道沿岸而得名，该村西邻205国道，北靠旧贾线，交通便利。小堤柳庄紧紧抓住美丽乡村建设契机，秉承“以人为本、服务群众、立足实际、建出特色”的理念，致力于将村庄建设与原有风貌和周围环境和谐相宜，相映相衬。一期建设已投资1 000多万元，完成村民广场、党群中心、硬化街道等16项基础设施建设。特别是，结合村庄特色，精心打造出古柳清泉、休闲柳园、乡愁记忆、文化长廊等特色景点，将新农村建设和自然生态融为一体，充分体现出田园乡愁韵味。

2015年以来，小堤柳庄把二期建设重点放在了农村旅游设施建设上，打造旅游式田园乡村，精心建设了百年枣林观光园、乡愁记忆古屋、堤柳堂屋、游客接待中心、枣园农家餐厅、儿童戏水乐园等旅游景点，使小堤柳庄的旅游内容逐步充实丰富，对外知名度不断提高。2015年10月，小堤柳庄被国家旅游局命名为“全国乡村旅游模范村”。

旧城南部大留里旅游区自2014年以来，按照“南古、北新、带中间”的发展思路，稳步推进镇区建设。在南部先后进行了千年古槐、地下战备医院开发和包装建设。北部建设了幼儿园、中心医院及滨河大道。近期还要建设大留里文化广场、文化公园以及汉唐风情街，使具有2 000多年历史的古镇焕发了新的生机和活力。

四、指导思想与发展目标

本实证略。

五、园区定位与空间布局

（一）园区定位

1. 环渤海低平原现代农业生态示范区

成为河北环渤海低平原农区以种植业为基础，以果品、蔬菜和绿化花卉、苗木为主导、生态环境友好的现代生态农业示范区。

2. 新品种新技术示范区

与农业科研单位和大专院校建立广泛联系，引进新品种、新技术，建成环渤海低平原种植业尤其是果品、蔬菜、花卉、苗木的新品种、新技术示范区。

3. 环渤海低平原区乡村旅游休闲区

通过以小堤柳庄和大留里为中心的乡村旅游景点、垂钓场、采摘园和餐饮娱乐设施建设，把园区打造成集吃喝玩乐和采摘购物为一体的环渤海低平原乡村旅游、观光农业休闲区。

（二）空间布局

按照现代农业园区建设的要求，以及一二三产业深度融合的方向，依据生产现状，园区整体布局为“两核、一廊、三区、四园”。

分别为：小堤柳休闲农业中心，旧城文化休闲中心（两核）；十里花果观赏长廊（一廊）；高效果品生产区，标准化蔬菜生产区，农产品加工贮运区（三区）；艺隆生态园，小堤柳美丽乡村田园，大堤柳百果采摘园，陈马闸口农情家园（四园）。

总体规划图见图 3-1。

1. 两　核

（1）小堤柳休闲农业中心

建在小堤柳庄，立足小堤柳庄的资源与文化，主要作为游客接待中心。以村委会为核心向周边整建，占地 100.61 亩。

（2）旧城文化休闲中心

建在旧城南部，按照“南古北新带中间”的发展思路，建设突出文化元素和红色旅游的休闲接待中心。以地下医院和古槐树为核心，占地 100.61 亩。

2. 一　廊

十里花果观赏采摘长廊。北起寺东村，沿 205 国道南下，到东田大

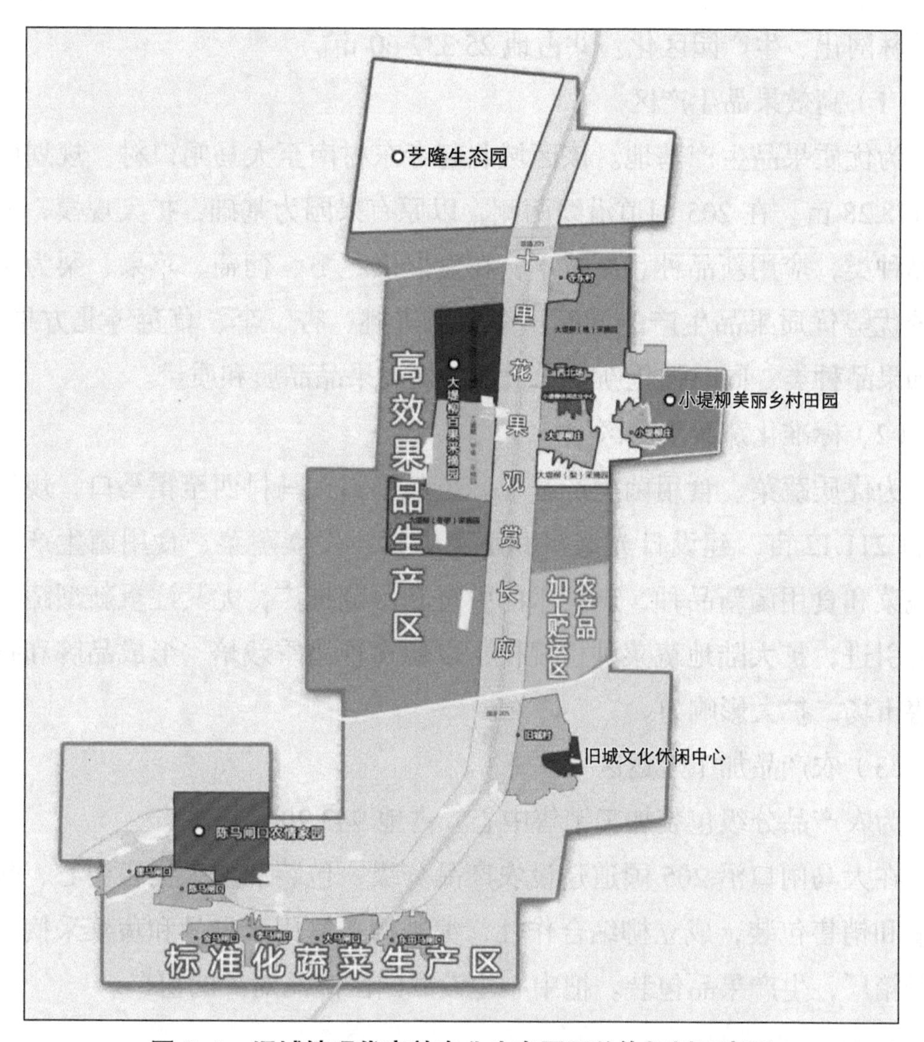

图 3–1　旧城镇现代高效农业生态园区总体规划示意图

马闸口西行至霍马闸口村，建旅游观光采摘长廊。全长 9 450 米。占地 4 317.80 亩。

长廊自北向南一步一景，各有风情。最北端是颜色各异的四季花卉苗木，向南依次是：葡萄、苹果、冬枣、桃、梨等各种水果构成的百果园，各有特色的美丽乡村、现代化蔬菜大棚以及富有乡土特色的农情园。

3. 三　区

三个区域包括两个种植园区和一个加工园区，高效果品生产区和标准化蔬菜生产区均以现有果园和蔬菜生产基地为基础，扩大规模、引进新品种、新技术，使果品和蔬菜生产提档升级，同时与旅游采摘相结合，实现道路林网化、生产园区化。共占地 25 332.60 亩。

（1）高效果品生产区

为优质果品生产基地。该区域北起寺东村南至大马闸口村，规划面积 13 178.28 亩。在 205 国道沿线两侧，以原有果园为基础，扩大规模，增加果品种类，应用新品种、新技术，在发展以冬枣、葡萄、苹果、梨为主的传统优势优质果品生产的同时，努力引进桃、杏、李、草莓等北方果品，增加果品种类。同时强化新技术引用，提高果品品质和质量。

（2）标准化蔬菜生产区

为优质蔬菜、食用菌生产基地。东起东田大马村西至霍马口，规划面积 11 211.12 亩，建设日光温室和蔬菜大棚，发展蔬菜、食用菌生产。注重蔬菜和食用菌新品种、新技术的引进和示范推广，尤其注重新型蔬菜种类的引进，扩大陆地蔬菜种植规模，以便实现错季栽培、形成品牌和打造销售市场，扩大影响力。

（3）农产品加工贮运区

为农产品分级包装加工销售中心，占地 943.20 亩。

在大马闸口沿 205 国道建设农产品分级、包装和加工销售中心，包括采摘和销售包装，成立柳编合作社，编制柳条篮用于果品和蔬菜采摘。建设纸箱厂，生产果品包装。把中心建设成园区产品对外的窗口。

4. 四　园

（1）艺隆生态园

规划面积 3 815.12 亩，位置在园区北部的寺东村。建设博裕海棠苑和苗木繁殖基地，绿化苗木具备耐盐碱特性，为渤海低平原区城乡绿化提供优质苗木和花卉种子。

（2）小堤柳美丽乡村田园

以农村旅游开发建设为契机，打造出古柳清泉、休闲柳园、乡愁记忆、文化长廊等特色景点，将村庄建设和自然生态融为一体，充分体现田园乡愁韵味。占地 619.26 亩。

主要包括：百年枣林观光园、乡愁记忆古屋、堤柳堂屋、游客接待中心、枣园农家餐厅、儿童嬉水乐园等休闲旅游观光景点，成为美丽乡村和乡贤文化的典范。

（3）大堤柳百果采摘园

从村北到村南拥有上千亩果园，涵盖苹果、梨、桃子、冬枣等优质水果。体现两大特点：一是水果品种繁多，品质口感俱佳；二是果园成方连片，初具规模，通过打造提升，与众多各具特色的小果园一起共同构成大堤生态采摘集聚区。占地 2 532.19 亩。

（4）陈马闸口农情家园

以宏超家庭农场为依托，打造以设施大棚蔬菜种植、新品种猪、羊养殖、观赏林木种植和社会化服务为主的综合模式。分为西东两部分，西区为经济林木种植、设施农业区；东区为观赏林木种植、水上垂钓以及四合院式的休闲区。这里既出产绿色蔬菜，又能让游客体验观光、采摘、垂钓的乐趣，还能够满足顾客的食宿需求。占地 815.70 亩。

各功能区面积一览见表 3-1。

表 3-1 各功能区面积一览

功能区名称	面积（亩）
园区总面积	32 823.30
园区耕地总面积	29 381.80
高效果品生产区	13 178.28
标准化蔬菜生产区	11 211.12
农产品加工贮运区	943.20
十里花果观赏长廊	4 317.80
小堤柳休闲农业中心	100.61
旧城文化休闲中心	100.61
艺隆生态园	3 815.12
大堤柳百果采摘园	2 532.19
小堤柳美丽乡村田园	619.26
陈马闸口农情家园	815.70
道路、村庄及其他	3 441.53

六、园区建设的主要工程

根据园区的空间格局和目标任务，实施十大建设工程。

（一）艺隆生态园区建设

该园区主要位于寺东村，总规划区域 3 815 亩。特色为花卉苗木，建设内容主要如下。

1. 扩建美化艺隆生态园

园内繁育自主景观绿化品种——博裕海棠，在 300 亩的基础上扩大栽植数量，形成博裕海棠苑。每到春季，酒红色的海棠花竞相绽放，形成花的海洋，吸引周边游客慕名而来。

海棠苑周围种植国槐、白蜡、柳树等绿化树木，在 200 亩的基础上扩大规模，形成园区内绿化带。同时，林带内间种油葵、油菜等经济观赏作物，花开时节片片金黄，将令游人流连忘返。

利用现有坑塘进行改造修饰，建设田园式垂钓台，让游人体验到人在水中、水天一色的田园诗意。

选择性建设智能阳光温室大棚等，发展设施农业和特色养殖，布设观景风车，形成有欧洲风情的田园景色。

2. 创新土地流转模式

由寺东汇新农种植专业合作社牵头，创建标准化土地流转示范经营作业区，实施整村土地流转统一经营，全体社员利益共享，风险共担，降低成本，提高收益，提高抗农业风险能力。

3. 建设寺东生态村

寺东作为旧城镇的北大门，紧傍 205 国道，区位优势明显。由龙头企业——河北艺隆园林科技有限公司援建，进行美丽乡村建设，改善条件，美化环境，建成街道整齐、路面整洁、坑塘秀美、村庄宜人的新寺东村，并成为富有魅力的民俗小镇。

（二）小堤柳美丽乡村旅游区建设

乡贤的杰出代表张广新出资援建了小堤柳庄美丽乡村。他尊重自然，借势造景，把文化元素融入村庄建设，把村庄轻轻放入大自然，打造了休闲广场、村风文化墙、百年枣林等十余个文化景点，体现农村自然、乡村文化，独具田园乡愁韵味。

在目前小堤柳百年枣林观光园、乡愁记忆古屋、堤柳堂屋、游客接待中心、枣园农家餐厅、儿童嬉水乐园等旅游景点的基础上，实施三期开发建设，以“闲适堤柳、温情水村”为主题，充分利用200亩枣园和400亩废弃砖窑地开发建设以下内容：①老年养生公寓；②户外休闲体验基地；③六宫格摸鱼池；④真人CS公园；⑤开发公用自行车慢行系统；⑥完善稻草公园和植物迷宫；⑦建设四个小微主题公园，包括野奢木屋、爱心田园、草屋部落、梦幻花海。

对现有坑塘进行改造升级，建设垂钓场地，扩大休闲娱乐领域。

上述旅游、休闲和餐饮服务设施，投资约3 000万元，由旧城和小堤村承建，通过经济手段吸引外来资金，走市场开发道路。

（三）十里生态采摘长廊建设

依托“一条长廊、三个节庆（国庆节、冬枣节和中秋节）、四个形象（美丽乡村、生态农业、美丽镇区、千年古韵）、四大节点（寺东玫瑰香、大堤水果香、陈马口庄园式家庭农场、无瑕茉莉香）”的布局，按照“工业绿色化、农业产业化、乡村休闲化、景区生态化”的长廊形象建设思路，将洁美环境、生态农业、历史文化和美丽乡村休闲旅游等元素有机结合起来，全面开展长廊沿线环境卫生整治，绿化美化建设，景观节点建设，集镇综合整治等工作，加快推进寺东玫瑰香葡萄采摘园、果一然合作社、寺东建华冬枣园、大堤三场果园、绿园生态园、变电站果园、乡村特色烧烤农家院、陈马宏超庄园式家庭农场、无瑕合作社等节点建设。

1. 廊道绿化

道路两侧绿化以乡土植物为主，引进耐盐耐旱植物树种，根据观花、观果、观叶等特点配置，做到层次分明、错落有致、丰富多彩，形成三季有花、四季有景的景观效果。

园区道路规划总里程50公里，其中主干道10公里、次干道10公里、田间操作道路10公里，景观休闲道路20公里。投资估算为1 800万元。承担单位为园区管理委员会。

2. 廊道两边果园菜园打造

寺东：在寺东桥北国道西侧种500亩葡萄种植园，葡萄品种以玫瑰香为主，吸引众多客商光顾。

大堤：从村北到村南发展上千亩果园，涵盖苹果、梨、桃子、冬枣等优质水果。①品种丰富化。比如皇冠梨、富士苹果等，能够满足采摘游客的不同需要。②果园规划化。果园成方连片，且初具规模，与众多各具特色的小果园一起共同构成大堤生态采摘集聚区。

东田大马：以无瑕生态园为依托，大力发展现代设施农业，进行三期生态园建设。一期建设80亩冬枣种植园和20亩大棚东北茉莉香葡萄。二期建设十个食用菌大棚种植杏鲍菇和平菇。三期再建设十个温室大棚用于食用菌和新鲜蔬菜的种植。

陈马口：以宏超家庭农场为依托，打造以设施大棚蔬菜种植、新品种猪、羊养殖、观赏林木种植和社会化服务为主的综合模式。农场分为东、西两部分，西区为经济林木种植、设施农业区；东区为观赏林木种植、水上垂钓以及四合院式的休闲区。这里既出产绿色蔬菜，又能让游客体验观光、采摘、垂钓的乐趣，还能够满足顾客的食宿需求。

霍马口：以传统冬枣种植园为依托，发展二代冬枣，在稳固北京市场的基础上，拓宽销售渠道，发展观光采摘，更能增加冬枣的附加值。

3. 道路工程

园区内主干道15米宽，保证物流车辆和游客车辆畅通。连接各功能区的次干道10米宽，各产业园区5米宽环路。田间操作为4米宽，各园区内参观、采摘、步行、休闲园路2米宽。主干道和次干道铺设材料为柏油路面、园区内田间操作道路为水泥路面，景观休闲采摘路采用砖或石子铺设，呈现自然形态。

（四）旧城南部大留里旅游区建设

以千年古槐、地下战备医院为基础，进一步开发和包装建设休闲农业大旅游景区，使具有2 000多年历史的古镇焕发新的生机和活力。

1. 重点建设项目

大留里文化广场、文化公园、汉唐风情街。

2. 服务设施建设

（1）旅游接待设施建设

建设满足休闲者、观光者较长时间观光、休闲、度假的设施。在合理的园区土地利用和控制下适当建设餐饮、住宿、健身、娱乐等接待设施，延长游客在园区内停留时间，增强园区的休闲度假功能。要满足游客吃、住、行需求，游、购、娱需求。

（2）公共卫生设施

公共卫生间：按照园区功能、人流情况，使生产区300米之内、休闲观光区200米之内、市场物流区100米之内有卫生间。每座卫生间30平方米，男女分设，专人打扫，保持清洁，有洗手盆。

垃圾箱：休闲观光区每隔100米、市场物流区每隔50米设一个垃圾箱。

（3）商店和便利店

综合服务中心设中等规模超市，辣椒小镇、葡萄小镇设便利店，为游客提供基本需求。

（4）医院和医疗急救点

整合三个乡镇的医疗卫生机构，能够收治在园区工作内工作和生活的人员。发挥村级卫生机构和乡村医生的作用，每个观光游览区、市场物流区设置一个医疗急救点，应对突发状况。

（5）生态停车场

根据游客流量需要，在园区内设置若干停车场，要求场地整洁，路面硬化，车位标识明确，专人引导。

3. 引导和标识系统

在主干交通要道向园区处设路标。园区内通往各功能区、各企业的路口设路标。设置具有引导、提升、劝解、禁止、危险警示等信息的旅游标识。在观景台、景观大道、博物馆、休闲小镇等游客集中的重点区域，按植物种类、商品种类设置标识和简介。

（五）陈马闸口农情园建设工程

1. 观景亭台建设

（1）观景台功能

观赏功能：展现景观农业的粗犷之美，提升游客审美震撼力。

休憩功能：设有座椅、水管、垃圾箱、物品临时存放、饮品供应等设施。

娱乐拍照功能：设置拍照设施，如固定相机支架、灯光等设施；建设卡通雕塑，供游人合影。

（2）观景台结构与布局

观景台以仿木水泥构建为主，既安全防风雨，又与田园景观协调一致。

除主观景台之外，根据地形地貌特点，与生产功能建设结合，在大田中建设若干个小型观景台或观景点。

2. 观景廊道建设

路面要求：景观大道路面宽不小于 5.0 米，总长度 1 000 米以上。路面以水泥路或砖铺路为主。

品种选择：配置不同成熟期、不同颜色的农作物品种，利用不同栽培技术，展示农作物科学种植知识。

建设元素：本实证略。

欣赏作物景观：欣赏大地景观，体验乡野情趣。

凝练农耕文化：建设雕塑小品，畅想黄骅梦想。

弘扬乡土文化：讲好黄骅故事，传承红色教育。

休憩座椅：廊道下应布设一定数量的仿木凳椅，供观光采摘客乘凉休息。座椅旁可以摆放一些葡萄盆景，供观光采摘客观赏、选购。

3. 冬枣为主的特色小镇

特色小镇是农业产业的延伸，是农耕文化的载体，是农业产业与生活情趣的具体化。

（1）重点元素

包括冬枣采摘与品尝和农院情趣。

（2）硬件建设和文化建设

小镇硬件建设包括环境建设、饮水安全、道路硬化、厕所改造等。

环境建设包括村庄绿化、垃圾处理、房屋粉刷等。

小镇文化主要是与农家乐、农家院、农家饭等餐饮产业相结合，配以当地产品烹饪食品，以葡萄酒堡、酒坊等为内涵的农业文化集群。特色小镇是面向大众消费的集旅游休闲、采摘体验、美食保健、快乐购物为一体的场所，是品美酒、尝美食、赏美景的休闲购物场所。

（六）设施农业工程

1. 5 000 平方米日光温室建设

日光温室的功能是：第一，用于栽种和繁殖热带、亚热带植物，丰富植物种类，提升花卉、苗木观赏水平；第二，解决冬季低温繁殖苗木障碍，扩大苗木繁殖规模；第三，结合低平原区土壤盐碱特点，进行耐盐苗木筛选和花卉栽培实验。

项目计划占地 15 亩，建筑面积 5 000 平方米，建设地点在寺东村，把保温加热系统、灌溉施肥系统、补光栽培苗床、水培技术与现代化电器及计算机控制系统相结合，建设现代化日光温室。投资估算 1 500 万元。项目由河北艺隆园林科技有限公司承担（以下简称公司）。

2. 500 亩水果、蔬菜、食用菌温室大棚建设

扩大设施水果、蔬菜、食用菌生产规模，使设施农业总面积达到 1 000 亩以上。地点在东田大马、霍马和陈马村。投资估算为 10 000 万元，

建设单位为相关农业专业合作社。

（七）农产品加工工程

目标：建设农产品分级、包装、加工销售中心。

加工销售中心设在大马口205国道旁，占地943亩。主要建筑有：果品分级包装厂、纸箱厂、柳编厂、销售中心、农业技术研究所、培训中心和园区管理办公室。总建筑面积1.6万平方米，其中果品分级包装厂4 000平方米、纸箱厂3 000平方米、柳编厂3 000平方米、销售中心3 000平方米，园区管理办公室、农业技术研究所、培训中心3 000平方米。建筑物投资估算4 800万元，设备投资1 000万元，道路及场地硬化1 000万元，合计6 800万元。承担单位为园区管理委员会。

（八）水利和灌溉条件改善工程

水资源严重不足和灌溉设施落后是园区建设的限制条件。结合园区建设，市水利部门已将改造利用排水干渠，从大浪淀水库引水，列为2016年度重点工作。园区需建设配套提水和引水渠道，以及喷灌、滴灌设施，大力推广应用农艺节水、工程节水等有效节水技术，努力发展节水农业。估算投资2 000万元。承担单位为园区管理委员会。

（九）果菜质量安全工程

1. 应用标准化生产技术

为了规范生产，制定并印发番茄、黄瓜、西葫芦、辣椒、茄子等有机农产品生产操作规程。为保证产品质量，建立以“二维码”产品质量追溯为主的质量追溯体系。

2. 改善生产条件

为建立改善设施蔬菜生产条件，公司推广应用防虫网、粘虫板、频振式杀虫灯、生物天敌技术。在温室通风口及冷棚四周加护防虫网，棚内悬挂粘虫板、生物天敌、频振杀虫灯杀虫。购防虫网8 400平方米，频振式杀虫灯15个。

为了减少生产过程中病虫害的发生，公司购买应用防雾滴多功能棚膜21 666平方米。

公司为了节水和控制棚内湿度大小利于健康蔬菜生长，采用变频滴灌浇水系统，实现了水肥一体化。

为了准确掌握棚内作物生长的环境条件，公司安装了大棚智能物联网系统，该系统能准确地给管理者提供大棚内的环境条件数据，包括温度、湿度、二氧化碳浓度、土壤温度，并能实时监控和给管理者提供信息。

所有大棚统一购置自动卷帘机34套。

3. 实施全程质量管理

公司统一采购生产物资，加强农业投入品管理，建立生产档案，控制有机蔬菜全过程生产。

建立农产品监督与产品质量追溯体系。

建立农产品检测制度，对产出蔬菜进行检测，确保不合格的产品不采收、不出售，严把基地准出关。

4. 互联网+

（1）预期目标

从三个层次实现“互联网+农业示范”：一是互联网技术深刻运用的智慧农业模式，二是互联网营销综合运用的电商模式，三是互联网与农业深度融合的产业链。

（2）建设内容

- 建立互联网信息系统

在园区管委会建立互联网信息系统。

- 园区智慧农业及农业大数据资源建设

结合经营主体机制深化创新机制，在建立乡联社、县联社的基础上开展智慧农业建设，并以农业领域为核心（涵盖种植业、林业、畜牧业等子行业），涉及耕地、播种、施肥、杀虫、收割、存储、育种等各环节，开展园区大数据建设，进一步整合宏观经济背景的数据，包括统计数据、进出口数据、价格数据、生产数据乃至气象数据等。

- 企业单元信息集成技术体验

网络化模拟结合农业实际操作过程，对经过标准化的农事活动进行指令性操作，实时传输体验者所拥有区块的体验项目状况。监控种植种类、种植品种、体验单元效果、体验单元的实时影像等作物生长发育状况与农事活动，反馈给体验者。

体验区域远程环境因素采集技术示范：利用智能环境采集设备采集体验单元内空气的温度、湿度、二氧化碳、光照，土壤的温度、湿度等实时数据，将数据传输到体验农业信息服务平台，同时体验者可以依据得到的体验环境参数作出相应的体验操作。

- 创新农产品流通方式

建设园区农产品电商平台，支持电商、物流、商贸、金融等企业参与平台建设，开展电子商务进农村综合示范。

- 实现方式

加大品牌宣传力度，建立网上销售和微信公众平台，提高产品市场竞争力。

5. 质量控制

严把质量关，生产种植完全按照《有机蔬菜种植标准》进行。依托黄骅市农产品质量检测中心，建立完善农产品质量追溯体系，保障农产品安全，提高农产品市场信誉度、美誉度。

（十）生物景观升级工程

农路两侧种植防护林，方田林网化，展现新农村、新农田形象，适应观光旅游农业需要。

1. 设计原则

以乡土树种为主，按照适地适树原则，注重对共生群落的运用，发挥植物之间的互补作用，提高生存能力，充分考虑生物多样性，引入蜜源植物、鸟嗜植物，根据景观及生态要求，通过乔灌草结合，形成一个绚丽多姿的人工自然生态世界。

2. 设计思路

（1）总体配置

以乡土植物为主，引进一些其他地方特色植物，丰富整个园区的植物类型。常绿植物与落叶植物的比例为 3∶7 左右，落叶植物与开花植物比例为 3∶7 左右。在配置上首先根据空间功能及地势落差构筑不同的视觉效果，确定密闭和开敞的程度，根据观花、观姿、观果、观叶、观干等特点，发挥植物的自然特性，以林植、群植、丛植、孤植为配置的基本手法，尽可能做到层次分明、错落有致、丰富多彩，形成四季有花可赏、四季有景可观的景观效果。

（2）群落选择

根据各功能区块和地形的不同要求，采取相应的种植方式。如观赏性植物群落、生态保健植物群落、鸟嗜植物群落、乡土特色群落等。

3. 植物选择

树种选用适合当地的观光林木。可供选择的植物有 60 多种，其中乔木 25 种、灌木 12 种、绿篱 4 种、地被 9 种、藤本 5 种、竹子 2 种、水生植物 5 种。

乔木：油松、白皮松、雪松、银杏、毛白杨、国槐、刺槐、旱柳、垂柳、速生法桐、白蜡、金叶国槐、金枝国槐、栾树、柿树、核桃、梨树、苹果、樱花、红宝石海棠、石榴、红花碧桃、辽梅山杏、红叶李、玉兰等。

灌木：紫薇、红王子锦带、木槿、榆叶梅、红瑞木、丁香、金钟花、金银木、蜡梅、珍珠梅、棣棠、丰花月季等。

绿篱：金叶女贞、大叶黄杨、紫叶小檗、沙地柏。

地被：剑麻、狼尾草、车轴草、八宝景天、三七景天、大花萱草、马蔺、德国鸢尾、石竹等。

藤本：紫藤、葫芦、葡萄、凌霄、五叶地锦等。

竹子：早园竹、花叶芦竹等。

水生植物：荷花、睡莲、水葱、千屈菜、香蒲。

4. 苗木规格

胸径约 5 厘米，株高约 3.5 米，苗木健壮。栽植规格：株距 3 米，树坑 60 厘米 ×60 厘米 ×60 厘米。造林当年成活率达到 95% 以上，三年后保存率达到 90% 以上，林相整齐，结构合理。

七、投资与效益估算

本实证略。

八、保障措施

本实证略。

实证二
滦南县现代花生产业园区发展规划
（2016—2020 年）

一、概　述

本实证略。

二、规划背景与依据

（一）规划背景

党的十八大提出建设中国特色的“新四化”，即“中国特色新型工业化、信息化、城镇化、农业现代化”。2013—2016 年 4 个中央一号文件，连续围绕推进农业现代化进行部署。2017 年中央一号文件提出“深入推进农业供给侧结构性改革，加快培育农业农村发展新动能”。党的十九大报告提出实施乡村振兴战略，指出“要坚持农业农村优先发展，按照产业兴旺、生态宜居、乡风文明、治理有效、生活富裕的总要求，建立健全城乡融合发展体制机制和政策体系，加快推进农业农村现代化。”

为贯彻落实中央关于农业现代化战略部署，开展创新驱动，促进农村三产（一二三产业）融合、三生（生产、生活、生态）协调，大力推进以高端设施农业为重点的现代农业园区建设。按照“品种高端、技术高端、装备高端、管理高端、产品高端”的要求，着力打造一批加工聚集型、沟域生态开发型、龙头企业带动型、股份合作型、合作社引领型、复合发展型现代农业园区，努力形成现代农业发展高地。自 2015 年中共河北省委办公厅、河北省人民政府办公厅颁布《关于加快现代农业园区发展的意见》以来，已经建成一批市县级现代农业园区。按照党中央、国务院关于发展现代农业的基本精神和河北省现代农业园区建设的要求，编制《滦南县现代花生产业园区发展规划》。

（二）规划编制依据

本实证略。

（三）规划范围与期限

1. 规划范围

核心区：滦南县现代花生产业园核心区包括 7 个村，面积 10 627 亩。

示范区：示范区包括核心区以外的 29 个村，总面积 5 万亩。

辐射区：包括滦南县 13 个镇，花生播种面积 22.7 万亩，加上辐射到滦县的小马庄和古马镇，面积达 30 万亩以上。

2. 规划期限

2016—2020 年，分两期完成。

第一期：初步建成阶段，2016 年 9 月—2017 年 12 月。

第二期：完善提高阶段，2018 年 1 月—2020 年 12 月。

三、园区概况

（一）区　位

滦南县位于河北省东部，渤海湾北岸，属唐山市。面积 1 482.6 平方公里，全县总人口 57.08 万人。

程庄镇位于滦南县正北部，南邻县城所在地倴城镇，西邻扒齿港镇，东侧是长凝镇，北部与滦县接壤，周边全部是花生主产区。

现代花生产业园区位：现代花生产业园核心区位于滦南县程庄镇中部。

程庄镇与县城西部的省级经济开发区相邻。2017 年 11 月，滦南（北京）大健康国际产业园在该经济开发区落地，目前已经有来自京津及全国的十余家知名企业在该产业园落户，已经启动数十个高科技项目，将对滦南县经济发展产生巨大示范和拉动作用。花生现代农业园区近邻大健康国际产业园，享有得天独厚的区位优势。

（二）资源条件

1. 自然条件

（1）地形地貌

滦南县地处燕山山脉南麓，滦河下游，渤海湾北岸，华北平原东部边缘。境内无山地丘陵，地势平坦，为冲积平原，全部属于平原地貌，类型简单。地势北高南低、西高东低，由西北向东南缓慢倾斜。

（2）水　系

地表水。滦南县境内河渠众多，主要有滦河、小青龙河、双龙河、北河、小青河、溯河、岳家河、犵牛河等主要河流，有柏各庄输水干渠、滦乐干渠、第一泄洪道、第二泄洪道等大型人工河道。河道总长 202.4 公里。地表径流量总汇水面积 1 270 平方公里，多年平均径流深 100.2 毫米，产生径流量 1.27 亿立方米，分别汇入上述河渠。

地下水。滦南县地下水按地下水文地质条件，分为三大类型区。第一大区是滦河冲积扇中部坡水平原区，为潜水全淡水区；第二大区是东部洼地平原潜水全淡水区；第三大区是滨海平原咸水区，该区浅层无淡水，深井（深度 180 米以下）水为淡水。

（3）气　候

滦南县属暖温带半湿润大陆性季风气候，年平均气温 11℃；年平均降水日数 71.3 天，最多 89 天，最少 57 天。其降水特点是：年内分布不均匀，冬季干旱少雨，夏季雨水集中；年际变率大，丰枯悬殊；地域分布不均匀，内地多于沿海；滦南县日照条件较好，能够满足作物生长需要。年均日照 2 800.6 小时；滦南县无霜期 186 天，最短 168 天。

（4）土　壤

滦南县土壤分为四个区：西部沙地区、东部肥力区、中南部稻田区、滨海地区。规划区位于西部沙地区和东部肥力区过渡地带，是传统的花生产区。

2. 社会经济资源

（1）社会发展

人口与劳动力。程庄镇有47个村，2016年全镇乡村总人口53 747人，乡村劳动力33 024人。

生产条件。耕地面积102 161亩，其中水浇地100 351亩，电力灌溉面积93 151亩，其中喷灌6 060亩。农业机械总动力73 538千瓦，大中型拖拉机166台。农用排灌机械3 405台，年末机电井3 014眼。

社会保障。新型合作医疗参保率和新型农村社会养老保险参保率分别为99.52%和99.81%。

（2）经济发展

程庄镇主要的种植作物为小麦、玉米、花生、果品、蔬菜。近年来，程庄建成高效日光温室设施蔬菜生产基地、冀东地区奶牛养殖集中区、冀东大白菜生产区，葡萄、食用菌特色养殖等也入驻程庄生根。

程庄镇是天然禀赋的小粒花生生产地，是滦南县“三米之乡”（大米、海米、花生米）之花生米的主产区。

3. 文化资源

滦南历史悠久，文化底蕴深厚，连续多年被评为全国文化先进县。2015年，“河北省公共文化服务示范县”顺利通过验收。深厚的历史文化孕育了评剧、皮影、乐亭大鼓“冀东文艺三枝花”。三大艺术的创始人或集大成者都是滦南人。现代花生产业园区所在的程庄镇，其历史文化资源之丰富，在乡镇行政区划内较为突出。

（1）历史文化遗存

程庄镇小贾庄商代文化遗存，出土陶尊、陶罐、青铜鼎等文物，1982年被确定为河北省文物保护单位。

小贾庄汉代古战场遗址，2008年被确定为河北省文物保护单位，挖掘发现的文物有盔甲金叶片、鎏金铜马饰、铜箭簇、青铜剑、盔顶等。

小贾庄莲台寺，建于唐代。莲台寺长185米，宽115米，高71米，曾被誉为小蓬莱，为滦州十二美景之一。2008年莲台寺遗址被确定为省级文物保护单位。

（2）莲花落文化

评剧是京、津、冀和东北地区人民喜爱的艺术形式，其发源地是滦南县程庄镇胡家坡一带。

滦南县是中国第二大剧种——评剧的发源地。莲花落是评剧早期形态，其最具有影响的第一位男旦角月明珠（1898—1922年）是程庄镇西胡家坡村人。月明珠，原名叫任善丰，字久恒，艺名月明珠，出生在滦南县程庄镇西胡家坡村的一个莲花落世家，九岁入成兆才等人所建的京东庆春班，拜张志广（艺名大娘们）、张德礼（艺名海里蹦）为师，并认张德礼为义父，与成兆才、金菊花为同辈。曾首演成兆才创作改编的《马寡妇开店》《花为媒》《王少安赶船》《杜十娘》《占花魁》等32出戏，并自编自演了《桃花庵》一剧。

（3）潘家戴庄惨案纪念馆

潘家戴庄惨案纪念馆位于程庄镇潘家戴庄村内，占地7 300平方米，是日军侵华罪行的铁证之一。潘家戴庄惨案发生于1942年12月5日，侵华日军在这里采取枪挑、棒打、火烧、活埋等残酷手段，屠杀无辜群众，烧毁房屋千余间，制造了惨绝人寰的千人坑大惨案。潘家戴庄惨案纪念馆为河北省重点文物保护单位和全国爱国主义教育基地。

（4）滦南县革命烈士陵园

滦南县革命烈士陵园坐落于程庄镇大顾庄村东，占地17.37亩。烈士陵园主要建设有烈士纪念碑、烈士纪念馆、烈士纪念碑墙、烈士墓区、纪念广场以及牌楼等。其中烈士纪念馆分为东、西两个展馆，总建筑面积为465.76平方米，烈士墓区共400座墓位。目前，已有300位烈士骨灰被安放在墓区。革命烈士陵园是全县人民祭奠、缅怀革命英烈的平台，是爱国主义教育、革命传统教育和党风廉政教育的重要阵地，也是传播红色文化、发展红色旅游的重要组成部分。

（5）十三香文化

程庄镇大马庄和薛家帐子一带自民国年间就有零星加工和销售花椒面的传统，并逐渐把吆喝叫卖演化成哼唱小曲，经近百年传承演进形成“十三香小唱”。“十三香小唱”在冀东文化、东北文化、京东文化的滋润下，融合了评剧、皮影和乐亭大鼓的曲调元素，已经成为一朵绚丽的民间艺术奇葩。

（6）社会主流文化——美丽乡村建设

现代花生产业园区内，有唐山市美丽乡村建设样板村西胡家坡村，有十三香文化村薛帐子村、肖庄大白菜特色风情村、潘家戴庄抗战特色文化村、小贾庄历史文化旅游村。以特色文化村为引领，打造美丽乡村建设的热潮，营建园区浓厚的主流文化氛围。

（三）花生产业基础

1. 播种面积和产量

2016 年程庄镇全镇花生播种面积 40 389 亩，单产亩均 239 公斤，最高亩产可达 450 公斤。花生总产量 9 653 吨，占滦南花生总面积的 17.7%，总产量的 21.26%，是滦南县名副其实的花生主产区。

2. 花生产品质量及市场销售

滦南县程庄花生示范区位于北纬 39°，位于冀东花生产区腹地。南北东沙带交汇处，区域内沙土有机质含量丰富，光照充足，水源丰沛，周边无污染企业，是花生生产的黄金地带。2017 年注册“梁各庄花生”地理标志产品，申请注册“滦南花生油”地理标志产品。

程庄镇梁各庄村建有花生市场，该市场面积 50 亩，年销售量 3 万吨，销售额 3 亿元。市场距县城及“唐山八景”之一的北河水系 10 公里，人流、物流、信息流较丰富。开展市场交易以来，辐射周边 2 县 6 镇 200 村的花生交易，主要输出京津冀及东北三省，为广大群众带来了实惠和便利，促进了花生产业的繁荣。

3. 科技基础

2016 年，程庄镇政府与河北省农林科学院、河北农业大学、山东省花生研究所等单位建立了紧密合作关系。河北省农林科学院花生产业科技创新示范基地在园区落户，该基地规划面积 208 亩，拥有专家工作室、实验室、标本储藏室、田间试验室等，粮油作物研究所研究员、国家花生产业体系岗位科学家李玉荣及其研究团队每年多次来程庄进行专项研究并指导生产。基地作为园区的科技研发中心，为园区科技创新提供了有力的支撑。

4. 合作组织和龙头企业

园区内注册龙头企业“东路程宝食品有限公司”，承担现代花生产业园区的生产设施建设、花生深加工研发及厂区建设、产品经营销售等，还负责休闲旅游农业设施建设及休闲旅游农业经营活动。2016 年注册东路程宝商标，生产花生加工产品。

（四）SWOT 分析

1. 优 势

（1）自然资源优势

园区位于冀东平原区，无霜期 186 天，光照充足，四季分明；园区地势平坦，便于机械化作业；土壤为砂质壤土，土质肥沃，通透性好，适宜花生生长；水资源丰富，雨量充沛，灌溉条件良好。东路花生产业的发展就是得益于当地的气候条件。

（2）区位与交通优势

现代花生产业园区与滦南县城所在地倴城镇接壤，距离唐山市 50 公里。园区交通便捷，南部紧邻滦海公路，古柳线（S262）、迁曹铁路穿境而过。

滦南县（北京）大健康产业园在经济开发区落户，为现代花生产业园区带来多种资源，让园区登上一个更高更大的平台。

（3）文化优势

滦南县是民间文化艺术之乡，连续 15 年保持了“全国文化先进县”荣誉称号。程庄镇有三处省级文物保护单位、莲花落文化、抗战文化、十三香文化、美丽乡村建设典型等文化资源，是发展休闲旅游农业、实现产业融合的宝贵资源优势。

（4）产业基础优势

花生米是著名的“滦南三米（大米、海米、花生米）”之一，程庄镇是滦南花生主产区，播种面积大，花生产量高。民间相传，程庄花生始于明代，因其外观、营养、口感等多方面的独特品质，被称为东路花生。当地农民祖祖辈辈依靠种植花生为生存，技术水平先进，对花生产业发展认同度和积极性高。

2. 劣　势

（1）农业基础设施薄弱

滦南县北部大片土地为沙性土壤，保水保肥能力较差，花生种植区基础设施、产业结构、生产水平、物质装备、科技贡献、农民组织化和知识化程度等与现代农业的发展要求存在差距。

（2）二三产业发展滞后

龙头企业数量少、规模小、科技含量低、辐射带动能力不强。加工业严重滞后，目前可见花生加工业只有花生米包装、花生脱壳和花生秸秆粉碎做饲料，注册花生加工品少，第二产业落后。程庄花生种植历史悠久，东路花生在国际国内享有盛誉，但目前缺乏争创优质名牌的意识，没能形成自己独立的品牌，与之相关的文化内涵有待挖掘。

（3）市场体系建设滞后

市场环境条件差、标准低，设施设备落后，农产品检疫检测手段和体系不完善，产品质量、标准和安全性难以保障。特别是市场信息化水平较低，绝大部分市场尚没有建立起以计算机技术和网络技术为主的网络通信设施、电子交易平台、大型电子信息显示屏等市场信息系统。程庄生产的花生，绝大多数由京津冀、东北等外来客商收购，本地只是活跃一小批经纪人，收购时难免出现受制于人的情况，收购价格不稳定，经济效益得不到保障。

（4）农业科技支撑力度不够

与农业科研单位合作时间较短，优良品种更新换代慢。花生生产以种植油料花生为主，缺少专门用于食用、加工、出口的专用型品种。生产、加工、销售环节技术水平亟待提高。园区内重茬、倒茬、病虫草害防治等有效技术，良种、良法生产及适应自然条件的配套生产技术体系不成熟，生产潜能和发展后劲有待提高。

3. 机　遇

（1）国家发展战略机遇

一是农业现代化战略机遇。国家“新型工业化、信息化、城镇化、农业现代化”（新四化）战略为现代农业园区建设创造了宏观政策环境。国家、省、市为实现农业现代化出台了一系列文件，明确了发展目标并做出具体部署。河北省把现代农业园区建设作为推进农业现代化的重要抓手，为发展现代农业提供了良好的发展环境。二是京津冀协同发展战略机遇。京津冀协同发展战略为周边带来新机遇，为加快发展步伐，滦南县抢抓战略机遇，提出了紧紧围绕打造“激情滦南、实力滦南、文化滦南、生态滦南、和谐滦南”总体目标，程庄花生产业迎来了前所未有的发展机遇。

（2）政府政策扶持机遇

2015 年，河北省委、省政府发布了《关于加快现代农业园区发展的意见》，以环京津地区为重点，到 2017 年全省认定 100 个万亩以上的省级现代农业园区，促进全省现代农业发展。滦南县委、县政府做出了具体安排，制定了一系列扶持和优惠政策，为园区的建立和发展提供了行之有效的具体政策支撑。

供给侧结构性改革政策。习近平总书记提出了“供给侧结构性改革”概念：在适度扩大总需求的同时，着力加强供给侧结构性改革，着力提高供给体系质量和效率，增强经济持续增长动力。优质农产品供给、城乡居民休闲消费场所的供给、广阔乡野美丽休闲环境的供给，都将得到国家政策扶持与支持。

（3）城乡居民消费需求机遇

随着我国经济发展水平提高，城乡居民消费趋势正在发生变化。饮食消费由温饱型消费向健康型消费转变，追求安全食品、绿色无公害食品消费成为主流消费方式；旅游消费目的地由向往大城市和名胜古迹型转向回归自然型、生态型、休闲型；教育消费也更加关注孩子回归自然，参加体验、增长见识。现代农业园区可以同时满足上述三种消费需求，客观上促进现代农业园区快速发展。

4. 挑　战

（1）资源制约

随着人口的增长，农业资源因工业化、城市化发展而受到刚性约束；园区非农用地需求旺盛，耕地资源稀缺，没有后备资源补充。水资源也是制约现代农业发展的重要瓶颈之一。

（2）资金和效益制约

农业生产成本快速攀升，生产收益下降。在农产品生产投入增量中，直接生产成本上升是推动农业生产总成本上升的主要因素。种子、化肥、农药、农膜、机械作业、排灌、土地租金、劳动力等成本，占总成本 80% 以上，农业的投入产出比对建设现代农业园区是严峻的挑战。

（3）生态环境制约

由于长期不适当的大量使用农药，造成土壤、水体污染和农畜产品有害物质残留；过量和不合理地施用化肥，引起地下水硝酸盐积累和水体富营养化等现象。

（4）经营管理方式制约

保持园区的有效运转，关键要靠园区自身的经营方式和运行机制。与工业园区、商业园区相比，现代农业生态示范区要实现有效运转面临诸多制约因素，如果产品价格过低，市场竞争激烈，组织化程度较低，农业气候变化带来自然灾害增加等。因此，现代农业园区要实现优质高效，面临一定挑战。

5. 综合发展战略

本实证略。

四、指导思想与发展目标

本实证略。

五、园区定位与空间布局

（一）园区定位

1. 现代花生产业样板区

按照产业特色化、生产标准化、技术集成化、作业机械化、经营规模化、服务社会化的标准，把程庄万亩现代花生园区建设成促进农业基础设施、科技进步、质量安全、生态环保水平显著提升，新型主体、规模经营、龙头带动、休闲观光实现园区全覆盖，土地产出率、资源利用率、劳动生产率明显提高，单位面积产值、农民收入高于当地平均水平 30% 以上。

2. 贯彻发展新理念的实验区

全面贯彻创新、协调、绿色、开放、共享的新发展理念。在初级产品深加工上找出路，打造加工品品牌，提高附加值，增加农民收入。科学轮作倒茬，在现有的 2 年 3 茬轮作方式下，通过科技创新，实现粮油作物协同发展，发展循环农业，实现一二三产业融合发展。

3. 休闲旅游农业与美丽乡村建设的示范区

抓住政府推进现代农业，建设美丽乡村，统筹城乡发展契机，激活本地文化元素，点亮旅游生活，打造京东特色休闲旅游农业样板区。

（二）总体布局

项目区以 11 村之间的成片花生产区为主体，向周边辐射通联，融入蔬菜、果品、畜牧生产等元素，打造覆盖成程庄全镇 47 村、10 万亩耕地的项目示范区。项目总体布局为“一区一带一环七板块”。总体规划见图 3-2。

“一区”。即现代花生产业园区。以 2 万亩花生产业为核心区向外扩展，占程庄镇面积的 3/4。

“一带”。即东部花生大白菜交错、大白菜为主的产业带，基本上以迁曹铁路为界的东部区域，兼有其他果蔬生产，占程庄镇面积的 1/4。

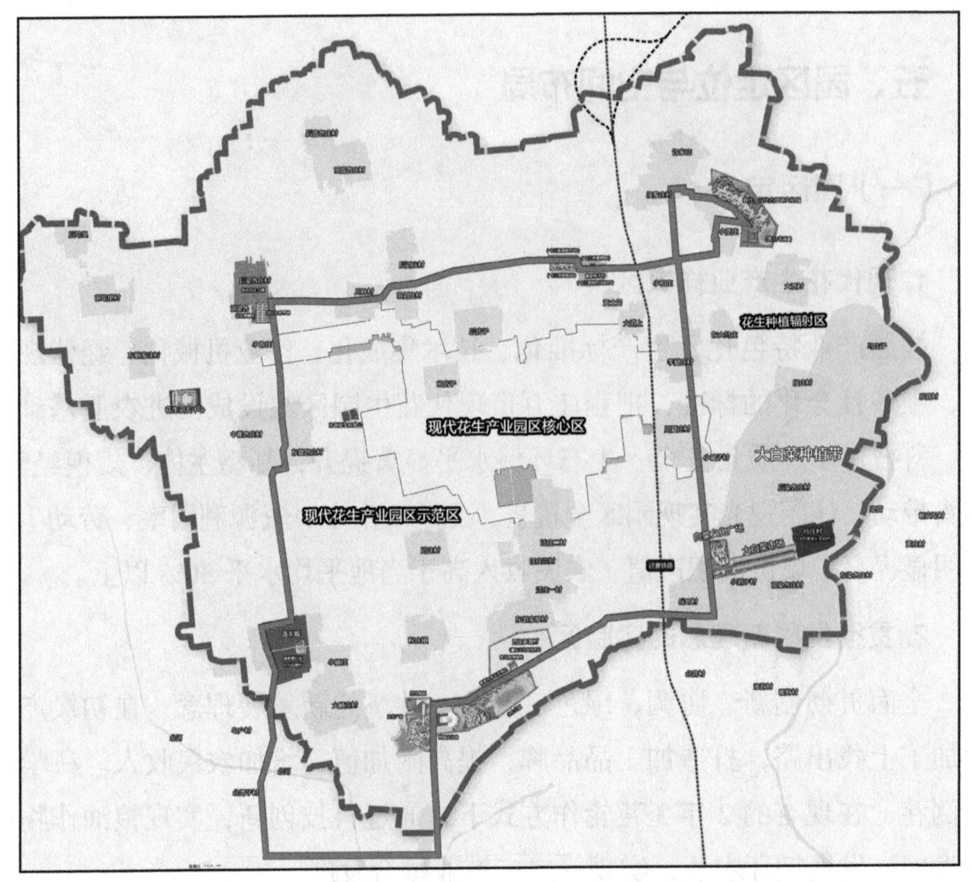

图 3-2　滦南县现代花生产业园区总体规划示意图

“一环”。程庄镇地形近似“心”形，历史文化遗迹均分布在“心”字的外围。将其连接起来，构成一个环状结构，这个环既是风情旅游之环，也是物质和信息交流之环，专业市场、博物馆、特色专业村都布局在这个环上。

“七板块”。即现代花生产业园核心区和六个文化功能建设区，实现文化搭台，旅游唱戏，发展三产，搞活经济。六个文化功能建设区分别是梁各庄村花生文化功能区、潘家戴庄抗战文化功能区、西胡家坡莲花落文化区、肖庄大白菜特色产业区、肖家庄历史文物旅游区、薛家帐子十三香文化建设区。

（三）功能分区

按照“七板块”布局建设 7 个功能区，分别是：现代花生产业园核心区、后梁各庄村花生文化建设区、红色文化建设区、西胡家坡莲花落文化建设区、肖庄大白菜特色产业区、小贾庄历史文化开发保护区、薛家帐子村十三香文化建设区。

六、园区建设的主要工程

（一）花生产业建设工程

本实证略。

（二）文化旅游建设工程

1. 花生旅游区建设工程

建设花生文化旅游基地。在建设花生交易市场的同时，建设中国花生博物馆、花生小镇。规划见图 3-3。

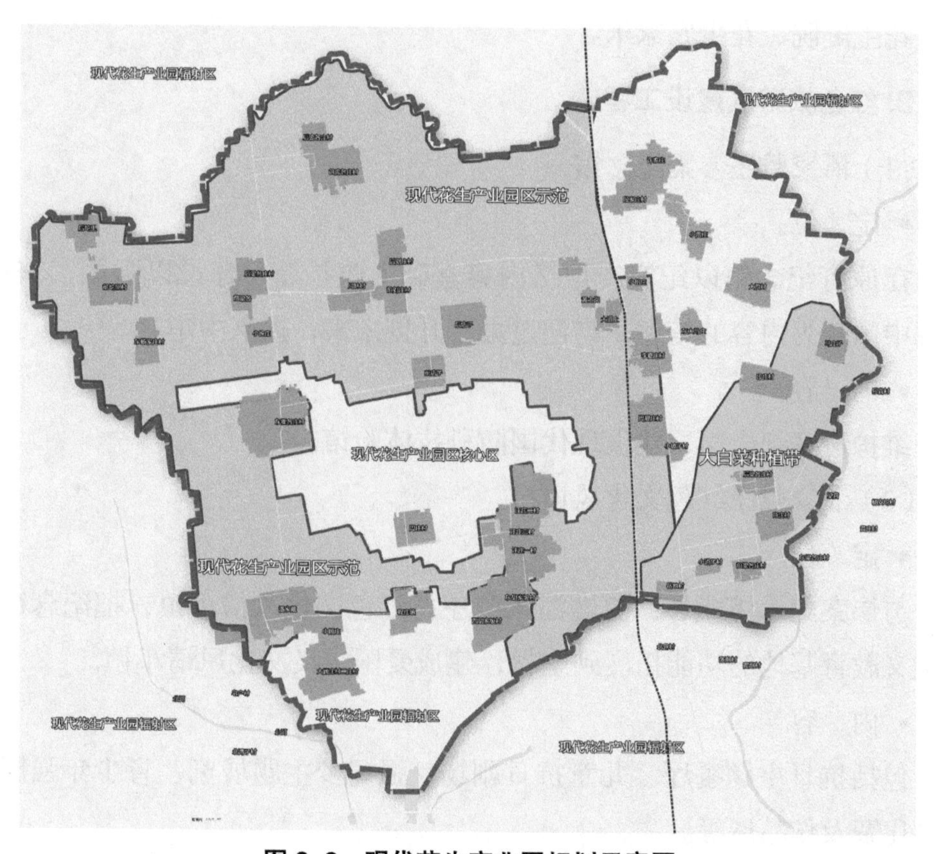

图 3-3　现代花生产业园规划示意图

（1）中国花生博物馆

• 定　位

展示花生起源和发展知识；展示花生类型和品种知识；展示花生营养价值与人的健康关系相关知识；展望花生开发利用前景；展示花生故事、花生文艺作品等。

• 主要内容

打造文化氛围，普及花生知识；提振民众信心，坚持产业致富；宣传程庄花生，提高产业声誉。

（2）特色花生小镇

• 定　位

结合美丽乡村建设，统筹规划，在后梁各庄村建设以花生景观、花生文化为中心内容的花生小镇。

• 内　容

花生庭院、花生农家乐。

2. 红色旅游区建设工程

（1）潘家戴庄惨案纪念馆

• 定　位

在原有纪念馆以纪实、记忆内容基础上改扩建，建设以强国、奋进、实现中国梦为内容的馆室。牢记过去，开创未来，振兴中华。

• 内　容

维护惨案纪念馆、建设现代国防科技体验馆。

（2）潘家戴庄红色文化风情村

• 定　位

与惨案纪念馆毗邻，打造潘家戴庄村红色文化风情小镇，把纪念馆爱国主义教育基地的功能拓展到全村，建成爱国主义文化风情小镇。

• 内　容

包括抗日主题餐厅、儿童抗日剧场、强国梦主题展览、青少年强国梦作品比赛及作品展等。

（3）红色旅游线路

建设潘家戴庄抗战纪念馆至大顾庄革命烈士陵园红色旅游线路，以铭记历史，砥砺奋进为主题，串联爱国故事，弘扬爱国精神、奉献和牺牲精神、自强不息精神等主旋律。

建设观光道路及路旁景观，如雕塑、碑廊、画廊、植物景观等。

3. 莲花落旅游区建设工程

（1）月明珠纪念馆暨莲花落博物馆

• 定　位

保护评剧发源地，传承民族文化；弘扬和推广评剧艺术；为后人留住乡音和乡愁。

• 内　容

重建月明珠故居、莲花落——评剧的发展、著名评剧演员雕塑。

（2）胡家坡冀东文艺风情村

• 定　位

弘扬民间艺术，活跃民众生活；改善基础设施，加快环境建设；建成创新、协调、绿色、开放、共享的美丽乡村。

• 内　容

“冀东文艺三枝花”学习体验馆、莲花落风情餐厅。

4. 大白菜旅游区建设工程

• 定　位

立足当地产业特色，配合美丽乡村建设，建设大白菜观光小镇。打造产业文化，提升产业素质，凝聚产业致富信心。

• 内　容

白菜广场、白菜庭院、大白菜农家乐。

5. 小贾庄历史文化旅游区建设工程

• 定　位

维修、保护历史文化遗产；建设美丽乡村，改善居民生产环境；开放旅游业，实现一二三产融合。

• 内　容

商代遗址保护、莲台寺遗址保护、遗址旁仿建莲台寺、莲台寺荷花池。

6. 十三香文化旅游区

包括十三香博物馆、十三香文化特色民俗村。

• 定　位

挖掘优势，整合资源，保存并发展特色产业文化，打造特色美丽乡村——薛家帐子村。

• 内　容

十三香特色村标志、十三香温室、十三香庭院。

（三）旅游服务设施建设

1. 特色旅游村镇游客接待中心

在梁各庄、潘家戴庄、西胡家坡、肖庄、小贾庄、薛家帐子 6 个村，建设游客服务中心。

（1）游客接待

提供游览指南、讲解员、行包寄存，提供采摘水果的篮、筐、袋等。

（2）游客紧急情况救助

整合当地乡镇的医疗卫生机构，发挥村级卫生机构和乡村医生的作用，设专门卫生室，采摘季节有医生值班，应对突发状况。

2. 消防设施

按要求消防部门要求，严格设置消防设施。

3. 公共卫生设施

（1）公共卫生间

按照园区功能、人流情况，生产区 300 米之内、休闲观光采摘区 200 米之内、市场物流区 100 米之内有卫生间。每座卫生间 30 平方米，男女分设，专人打扫，保持清洁，有洗手盆。

（2）垃圾箱

休闲观光区每隔 100 米、市场物流区每隔 50 米设 1 个垃圾箱。

（3）洗手和洗水果设施

本实证略。

（4）环卫管理人员和设施

本实证略。

4. 生态停车场

根据游客流量需要，在园区内设置若干停车场，要求场地整洁，路面硬化，车位标识明确，专人引导。

5. 引导和标识系统

在主干交通要道向园区处设路标。在园区内通往各功能区、各企业的路口设路标。设置具有引导、提升、劝解、禁止、危险警示等信息的旅游标识。在观景台、景观大道、博物馆、休闲小镇等游客集中的重点区域，按植物种类、商品种类设置标识和简介。

6. 治安维护

本实证略。

（四）基础设施升级工程：道路升级工程

本着道路布局合理、符合园区设计、主干路全部硬化、支路部分硬化的原则进行园区交通条件的升级。

1. 道路规划

核心区内园区主干道宽 15 米，保证物流车辆及游人车辆通行畅通。连接各村庄及各产业园区间的次干道为 10 米宽路网，各产业园区为 5 米环路。

路边沟均为：上口宽 0.8 米，深 0.6 米，底宽 0.6 米。

2. 道路铺设材料规划

（1）主干道

主干道路铺设材料为柏油路面，硬化路面宽 4 米。村与村，村与主干公路、乡村公路相接连的路面采用混凝土硬化。

（2）次干道

次干道路铺设材料为柏油路面。路面宽 3 米，道路硬化 50% 以上。路边沟均为：上口宽 0.8 米，深 0.6 米，底宽 0.6 米。

3. 田间道路

道路布局合理，顺直通畅。田间操作路为 4 米，主要作业道路用砂石硬化，土路脊突出田地 20 厘米以上。道路转弯处设弯道保护装置，便于农机进出田间作业和农产品运输，方便群众生产生活。

4. 景观休闲路

各园区景观休闲路供游客步行参观、游览，路面宽 1 ～ 1.5 米。采用鹅卵石路、石板路、砖等材料铺设，打造田间小径，曲径通幽，形态新异、情景交融的意境。

5. 林网建设

农田主路两侧全部种植防护林，打造方田林网景观，展现新农村、新农田面貌，符合发展观光旅游农业需要。树种选用适合当地美化、绿化的观光林木，栽植方式要标准化、规范化。以毛白杨为例，苗木规格：胸径约 5 厘米，株高约 3.5 米，苗木健壮。栽植规格：株距 3 米，树坑 60 厘米 ×60 厘米 ×60 厘米。造林当年成活率达到 95% 以上，三年后保存率达到 90% 以上，林相整齐，结构合理。

（五）给水排水工程升级

本实证略。

（六）电力系统升级工程

本实证略。

（七）电讯工程

本实证略。

（八）“互联网＋农业”工程

本实证略。

七、投资与效益估算

本实证略。

八、保障措施

本实证略。

实证三
顺平县望蕊山庄现代农业（桃）园区规划
（2017—2025年）

一、概　述

顺平县位于河北省中部偏西，太行山东麓，古城保定市西郊，属低山丘陵区，全县地势由西北向东南倾斜，自然分为低山、丘陵、平原三大地貌类型，山区、半山区占全县面积的2/3，平原区占1/3。总面积708平方公里，耕地面积40万亩。地理坐标38° 45′～39° 09′N，114° 50′～115° 20′E。

规划的望蕊山庄现代农业（桃）园区（图3-4）地处顺平县北部台鱼乡，规划区山低坡缓，具有发展林果业得天独厚的自然条件和地理优势并且产业基础较好，2014年创建了桃标准园，是顺平县连续十六届桃花节的

图3-4　望蕊山庄现代农业（桃）园区效果图

观花区之一。核心区桃园取得了“绿色食品”认证，注册了“台鱼”“望蕊山庄”商标，桃树主栽品种早、中、晚成熟期配套。依托河北省农林科学院“顺平县绿色桃生产技术示范园”科技服务项目，制定了生产技术规程。合作单位的专家、教授定期培训果农，4 名骨干被市林业局聘为农村林果实用人才，76 名果农获得了“果树工”职业资格认证。

依托望蕊山庄，积极发展旅游服务业，初步具备了一定的农家餐饮、住宿的接待能力。山庄观花台可一览周边万亩桃花。收获季节可采摘鲜果，常年体验田园生活的快乐。

规划旨在依托望蕊山庄桃产业发展的基础优势，抓住京津冀协同发展的机遇，在进一步发展桃种植产业的基础上，延长产业链条，引进桃加工、桃木加工技术，加强配套旅游服务设施建设，实现一二三产业融合发展，打造省级现代农业示范园区，建设服务京津的桃生产基地及旅游观光基地，促进农业、农村发展和果农致富。

二、规划背景与依据

（一）规划背景

2015 年，河北省委、省政府发布了《关于加快现代农业园区发展的意见》，明确提出：要按照生产要素集聚、科技装备先进、管理体制科学、经营机制完善、带动效应明显的总要求，坚持产出高效、产品安全、资源节约、环境友好的现代农业发展方向，高起点谋划、高科技引领、高标准建设，打造一批万亩以上的一二三产融合、产加销游一体、产业链条完整的现代农业园区。在全省农业现代化进程中发挥示范引领作用。保定市委、市政府高度重视现代农业园区建设工作，在《第十三个五年规划建议》中明确提出：要大力发展现代农业，加快转变农业发展方式，积极发展高效、优质、生态、品牌农业，促进一二三产业融合发展，打造京津优质绿色农产品生产保障基地。用工业园区的模式加快建设一批现代农业科技示范园区，形成一县一精品园区，一乡一现代园区的发展格局。要求到

2017年，全市建成100个相对集中连片、面积在5 000亩以上、一二三产融合、产加销游一体、产业链条完整的市级现代农业园区。

在京津冀协同发展的大背景下，最近召开的京津帮扶周围河北21个县发展会议上，顺平县被列入北京市帮扶计划，明确以科技为引领，建设环京津农产品供应基地、生态农业示范基地。

为了在京津冀协同发展中找准自己的产业定位，加快顺平县现代农业园区快速发展，邀请河北省农林科学院有关专家，编制了《顺平县望蕊山庄现代农业（桃）园区规划（2017—2025年）》。

（二）编制依据

本实证略。

（三）规划范围与期限

1. 规划范围

顺平县南台鱼、寨子、东峪、龙堂、小掌村等，桃林面积15 000亩。建设成为一二三产融合、产加销游一体、产业链条完整的现代农业园区。

2. 规划期限

2017—2025年。

三、园区概况

园区所在的顺平县东临满城，西接唐县，南毗望都，北连易县，东南与清苑县接壤，西北与涞源搭界。距北京162公里、天津210公里、石家庄102公里、正定国际机场90公里、保定32公里，处于京津冀经济圈核心地带，占有明显区位优势。顺平被称为“中国桃乡”，每年4月都会举办桃花节，届时万亩桃花竞相开放，争奇斗艳，绵延起伏百里不绝，沿途近百里，时时闻花香，处处是桃源，迎面花海，处世忧愁随即而去，有“人间四月芬菲尽，桃花依然笑春风”的美誉。顺平是尧帝故里、革命老区，也是“全国扶贫开发工作重点县”。园区位于顺平县北部台鱼乡，距县城20公里，距京昆高速顺平北口15公里，满城出口10公里，交通便利，地域属丘陵浅山区。

（一）自然资源

1. 地形地貌

顺平县位于河北省中部偏西、太行山东麓、古城保定市西郊，属低山丘陵区，全县地势由西北向东南倾斜，自然分为低山、丘陵、平原三大地貌类型，山区、半山区占全县面积的2/3，平原区占1/3。总面积708平方公里，耕地面积40万亩。地理坐标38° 45′～39° 09′N，114° 50′～115° 20′E。全县工程地质条件较好，地基承载力一般为8～15千帕/米^2，地震烈度为7度。园区地处顺平县北部台鱼乡，全部为山区，山低坡缓，发展林果有得天独厚的自然条件和地理优势。

2. 水　系

顺平水系属海河流域大清河水系，县境内河流主要有界河、蒲阳河、唐河、七节河、曲逆河、金线河等，其中曲逆河为县域主要行洪河道。全县有中型水库一个，为龙潭水库；小型水库三个，分别是大悲水库、李各庄水库、荆尖水库。山区和丘陵地下水多为裂隙水和构造水。平原位于县域东南部，地势平坦，系第四纪冲积洪积物，水资源储量比较丰富，地下水呈西北至东南流向，涌水量70～90米^3/时，水质较好，清澈透明，甘甜爽口，总硬度5.15毫克当量/升，pH值7.4。地下水的补给来源主要是大气降水。全县多年地表水资源总量9 558万立方米，地下水资源总量9 719.87万立方米。

3. 气　候

顺平属暖温带半干旱季风区大陆性气候，四季分明，春旱多风，夏热多雨，秋高气爽，冬寒少雪。

（二）社会经济资源

园区所在的顺平县台鱼乡总面积61平方公里，总人口17 010人，

4 783 户，耕地 22 628 亩，人均 1.3 亩，辖 17 个建制村。全乡果树种植面积 17 000 亩，其中 80% 为桃树，年产果品 4 000 多万公斤。全乡经济以林果业为主，以盛产大久保桃而闻名，是“中国桃乡”。果品销往全国各地，果品收入是农民群众主要经济来源。近几年来，桃作为该乡主导产业在新技术推广、品种改良、绿色无公害生产等多个方面都有新进展，从 2004 年至今，该乡谋划建设无公害果品生产基地 3 个，近 6 000 亩，更新改良果树品种 6 个。结合桃花节和全乡旅游环线建设，望蕊山庄为全乡桃花节主要旅游观光区。

依托地域及果品资源优势，成立了望蕊山庄生态园林有限公司，并牵头组建了台鱼乡桃产业协会和望蕊鲜桃农民专业合作社。主要从事鲜桃种植、销售、果品采摘、农事体验、科普展示、农家餐饮、住宿、乡村生态观光旅游。主要有餐饮住宿设施、观景台、2 000 平方米果品交易市场、500 平方米冷藏保鲜库、农资配送中心、200 平方米农技培训室、三公里田间道路所形成的生态观光环线，建有不同时节的采摘园、景观园、科普园，以及供游客认种的菜园、农事体验园。

2014 年创建的桃标准园，是顺平县连续十六届桃花节的主观花所在园之一。核心区桃园取得了“绿色食品”认证，注册了“台鱼”“望蕊山庄”商标，主栽品种早、中、晚成熟期分布均匀，制定了生产技术规程，推广生态栽培技术，改善了生产条件。投入品专人负责，实施质量安全管理。产品统一包装标识，实施品牌超市销售及错季销售。

2015 年建成了 12 个小气候观测站，国家桃产业体系岗位专家陈海江教授、马之胜研究员亲临栽培示范，依托省农林科学院科技服务项目“顺平县绿色桃生产技术示范园”，实施了虫情测报。协作单位专家、教授及农村林果实用人才定期培训指导果农。4 名骨干被市林业局聘为农村林果实用人才，在生产中联系果农、示范引领、发挥了积极作用。76 名果农获得了“果树工”职业资格认证。高标准农技培训室定期培训果农。依托望蕊山庄带动，积极发展农家旅游服务业，让广大村民参与进来，初步具备了一定的农家餐饮、住宿的接待能力。山庄观花台可一览周边万亩桃花。2015 年接待游客 8.3 万人次，直接从业人数 70 人，间接从业人数 300 多人；涉及农户450户，农业产值达8 000万元，着实有效地增加了当地果农的收入，对区域经济发展的影响显著，被列为“五星级中国乡村旅游金牌农家乐”“河北省科普示范基地”、荣获“顺平县林果发展先进单位”“河北省观光采摘果园”“全国科普惠普农兴村先进单位”称号。山庄所在地南台鱼村，两委班子自2002年至今团结稳定，民风淳朴，山庄负责人张国桥为顺平县八届政协常委，2004年6月任南台鱼村党支部副书记，一直分管林果种植、销售、乡村旅游、合作社，2014年荣获“河北省第八届农村青年致富带头人”，2015年荣获“中国乡村旅游致富带头人”“全国劳动模范”荣誉称号，2016年6月评为河北省优秀共产党员。

（三）周边旅游资源丰富

园区周围旅游资源丰富，远有皇室陵园清西陵、佛教圣地五台山、红色革命圣地西柏坡、保定总督府的大旅游背景。近有满城汉墓、狼牙山、大佛光寺、腰山王氏庄园、木兰溶洞、曹仙祠、柿子沟等旅游景点，借助周边旅游景点的影响和人气，发展旅游观光农业具有优势。

（四）农业发展SWOT分析

本实证略。

四、指导思想与发展目标

本实证略。

五、园区定位与空间布局

（一）园区定位

1. 京津冀特色桃产业发展要素的聚集区

遵循现代农业的发展理念，用现代物质条件装备农业，用现代科学技术改造农业，用现代产业体系提升农业，用现代经营模式推进农业，用现代发展理念引领农业，用培养新型农民发展农业。通过龙头企业带动、新型农业经营主体支撑、先进技术集成组装引领，激发劳动、知识、技术、管理、资本活力，促进园区一二三产业融合、产加销游一体化建设，成为京津冀特色桃产业生产先进要素的聚集区。以桃产业——优质安全产品为主，创新桃产业，推动桃产业链的延伸；成为省级桃产业名牌园区、现代农业园区。

2. 京南桃产业先进技术的示范区

发挥园区桃产业技术先进的优势，依托河北农林科学院、中国农业科学院等科研机构和河北农业大学等高校农业技术支撑，建成桃产业高科技成果转化中心，成为高科技成果和技术转化推广基地，展现“放心”果品的生产过程和技术——生态农业技术、生物防治病虫害、生草科学肥田技术；成为省级，乃至国家级农业高科技产业化的转化中心和推广示范中心。坚持创新、绿色、开放、共享和协调发展，实现良种覆盖率达到98%以上，节水灌溉全覆盖，水有效利用系数达到0.65以上，农业科技进步贡献率达到70%以上。各类农副产品和废弃物得到循环利用，农业投入品利用率明显提高，化肥、农药“零增长”。把园区建设成为“科技先进、特色明显、产业融合、要素聚集、绿色生态”的现代农业示范样板。

3. 京津冀特色桃产品供应基地

实行绿色无害化种植，产业化发展，建立健全桃深加工体系、冷链储藏保鲜体系和电商物流体系。严格安全生产与监管（包括产地认证、质量追溯等），提升健康、安全农产品的供给功能，建成全国性桃产品集散地，打造成京津冀高端特色桃产品供应基地。

4. 桃休闲观光基地

一二三产业融合发展，加快旅游休闲基础设施建设，促进观光旅游从季节性（4月花、7月果）、短期向周年、长期旅游发展，成为京津冀周末度假游的基地。成为省级休闲农业园区、3A级乡村旅游百村示范村。

（二）空间布局和功能分区（图 3–5）

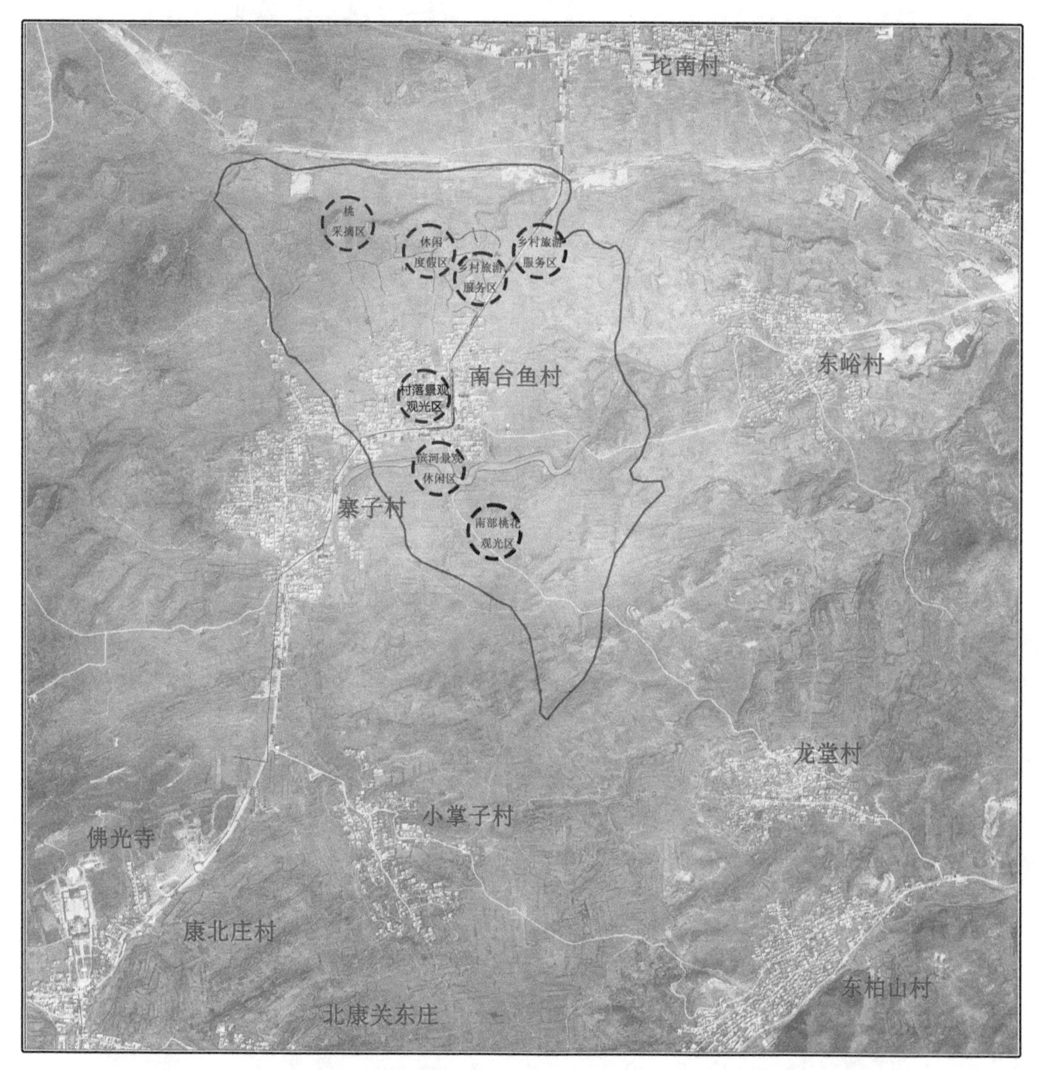

图 3–5　望蕊山庄桃产业现代农业园区空间布局和功能分区示意图

顺平县望蕊山庄桃现代农业园区建设将围绕产出高效、产品安全、环境友好、资源节约四大核心理念，发挥历史、自然、人文、技术及品牌优势，将优势做强，把产业做大。园区规划面积 15 000 亩，其中核心区面积 3 500 亩、示范区 11 500 亩。园区建成后，将成为一二三产融合、产加销游一体、产业链条完整的省级桃现代农业产业园区（接待中心平面效果图见图 3–6），辐射带动周边桃产业转型升级，加快发展。

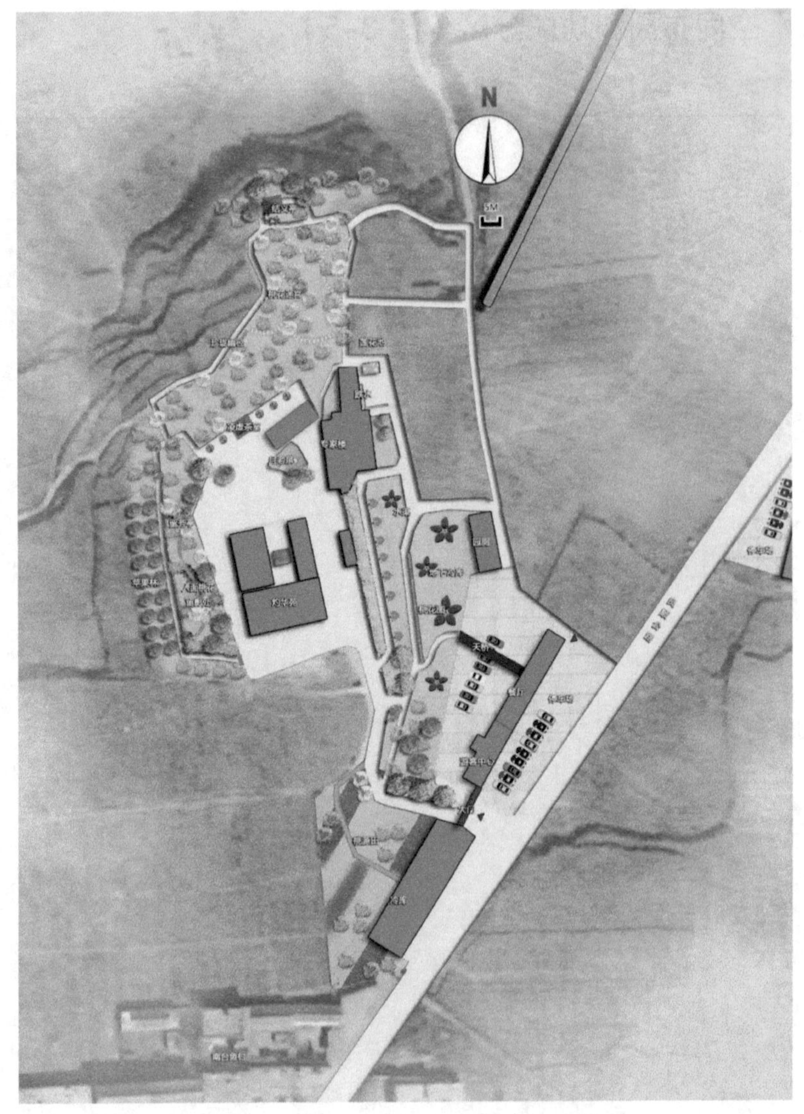

图 3-6　望蕊山庄接待中心平面效果图

1. 空间布局

依据桃产业发展现状和辐射带动能力，园区分为核心区、示范区和发散状辐射区。

（1）核心区分布

以园区内南台鱼特色桃产业村为核心区，发展桃林面积 3 500 亩。

借势大佛光寺开发，依托望蕊山庄，发展乡村旅游，着力打造成产出高效、产品安全、资源节约、环境友好，一二三产融合、产加销游一体、产业链条完整的现代农业典型样板和窗口。

（2）示范区分布

以寨子、东峪、龙堂、小掌村4个桃产业村为示范区，桃林面积11 500亩，打造成产出高效、产品安全、资源节约、环境友好，一二三产融合、产加销游一体、产业链条完整的现代农业示范样板。

（3）辐射区分布

以南康关、北康关、康北庄、燕子水、导务、柴各庄、先锋、宅仓、小水、葛庄子、西柏山、东柏山及周边乡镇和其他县区村庄为辐射区，桃林面积6万亩，打造成产出高效、产品安全、资源节约、环境友好，一二三产融合、产加销游一体、产业链条完整的现代桃产业经营模式。

2. 功能分区

（1）核心区

该区所在的南台鱼村，有30多年的种桃树历史，全村有400多户、1 500多人，桃树7 000多亩，其中盛果期果树4 000多亩。根据该村资源和区位优势，核心区分为“六区”，即“桃采摘区、休闲度假区、乡村旅游服务区、村落景观观光区、滨河景观休闲区、南部桃花观光区”。

- 桃采摘区

位于南台鱼村北，建设1 000亩标准化、规模化、生态化桃采摘区，水肥一体化管网全覆盖，年可产优质桃500万公斤供游人体验、采摘。

- 休闲度假区

位于南台鱼村北，紧邻采摘区。利用当地山区良好的生态环境和桃文化，依山就势，建设保健养生馆、休闲娱乐馆、山乡别墅、特色餐饮等设施。

- 乡村旅游区

位于南台鱼村东北，毗邻休闲度假区。依托大佛光寺和望蕊山庄及山区优美的自然生态等旅游资源，打造旅游精品线路。以望蕊山庄现有设施为基础，建设攀岩项目、桃文化展室、开发桃木工艺品，果品包装品牌化。增建农家院及鼓励村民桃园内接待，经营农事体验、果品采摘等，开发大棚种植鲜桃。野外宿营、村内改建农家小院。

- 村落景观观光区

结合南台鱼村美丽乡村建设，挖掘本村特色文化，保留、恢复本村具有山区特有的石质民宅、寺庙、戏楼和街道。打造特色太行古村落景观。

- 滨河景观休闲区

位于南台鱼村南，临河选址，建设休闲观光设施。如栈桥、亭、榭、楼、台，供游人亲水游乐。建设垂钓和划艇项目，丰富旅游休闲内容。

- 南部桃花观光区

位于南台鱼村南，利用现有桃园的布局观光亭、休息座椅、田野木屋，提升服务质量。建成500亩智慧农业桃种植核心区。建成节水管网，逐步实施滴灌全覆盖。

（2）示范区

位于核心区周边寨子、东峪、龙堂、小掌村4个桃产业村，主要开展标准化、规模化、产业化桃种植成建制示范。面积11 500亩。

（3）辐射区

将核心区、示范区技术覆盖周边适宜桃种植区域。2018—2025年，全面实施“互联网+”行动：影响半径100公里，市场影响人口500万人，形成桃生产、加工、物流和种养结合的全产业链，打造现代一条龙桃产业园区，促进农业增效、农民增收。

六、园区建设的主要工程

（一）现代农业（桃产业）示范园建设

本实证略。

（二）桃休闲观光基地建设

丰产园实行园林化，配套增加休闲观光娱乐需要的亭、台、楼、阁、小品景观和观光设备，创新和增加桃树观光品种和树体造型，建设景区色彩与灯光标识等园林要素；实现“美哉，望蕊山庄”。

1. 进行休闲农业区划分，完善观光道路系统

本实证略。

2. 建立休闲观光中心区

包括观景台，以及声光电观光设施。以山庄酒店为基础，完善观景台。建立智能化观光控制中心和声光电展示大厅。望蕊山庄以声光电保障观光期风雨无阻，并延展视野，延长花期活动观光效果。文化无所不在，不仅有花果菜蔬标识牌，而且体现精神文化，尤其是桃花源的诗词歌赋，以及自然化的“树言”“花语”：①注入植物学科普教育功能；②普及植物文化与风景园林知识；③促使游人亲近和了解大自然，潜移默化中建立对大自然的热爱和尊重；④提升知识性、趣味性、娱乐性；⑤潜移默化，提升人文修养。

3. 完善观光景点

继续建设休憩、亲子活动设施。

以园区园林化、产业观光化、产品旅游化为主题，突出休闲园区要素的建设和提升。例如，种植林下生草的观光花——薤白、油菜。

以桃花观赏、桃采摘为主要旅游观光对象，形成文化观赏、亲子教育等景点，例如花文化和花生物知识的展示（含多媒体）、桃文化（仙桃、寿桃、养生桃等）。

观光道路、设备、欣赏桃文化的空间布局，完善景点、道路和小憩设施，以及休闲农业标准中要求的停车场、厕所布局。

桃安全生产过程及体验，形成安全生产展示、全程档案等，提高绿色品牌的信誉度。

生防综治为主导，建立生物学生态学展示、声光电表演，以昆虫生命周期为重点，进行展示——蝴蝶的保护、生产和饲养。

4. 节庆式旅游度假宣传（包括霓虹化）

本实证略。

（三）桃产业高科技成果转化中心

本实证略。

（四）桃产业的创新和产业链延伸

本实证略。

（五）桃的储运与产品集散地建设

本实证略。

七、重点设施建设工程

（一）道路建设

1. 道路红线

核心区内园区主干道宽 15 米，保证物流车辆及游人车辆通行畅通。连接各村庄及各产业园区间的次干道为宽 10 米路网，各产业园区为宽 5 米环路。田间操作宽 4 米。各园区参观、步行、休闲园路宽 1 ～ 1.5 米。

2. 道路铺设材料

主干道路铺设材料为柏油路面。次干道路铺设材料为柏油路面。园区内、田间操作道路为水泥路面。

景观休闲路采用鹅卵石路、石板路、砖铺设，呈现自然形态。

（二）田园景观设计

1. 设计原则

以乡土树种为主，按照适地适树原则，注重对共生群落的运用，发挥植物之间的互补作用，提高生存能力，充分考虑生物多样性，引入蜜源植物、鸟嗜植物，根据景观及生态要求，通过乔灌草结合，形成一个绚丽多姿的人工自然生态世界。

2. 设计布局

以乡土植物为主，引进一些其他地方特色植物，丰富整个园区的植物类型。常绿植物与落叶植物的比例为 3∶7 左右，落叶植物与开花植物比例为 3∶7 左右。在配置上首先根据空间功能及地势落差构筑不同的视觉效果，确定密闭和开敞的程度，根据观花、观姿、观果、观叶、观干等特点，发挥植物的自然特性，以林植、群植、丛植、孤植为配置的基本手法，尽可能做到层次分明、错落有致、丰富多彩，形成四季有花可赏、四季有景可观的景观效果。

（三）给水排水工程设计

本实证略。

（四）电力工程设计

本实证略。

（五）电信工程设计

本实证略。

（六）环卫设施设计

1. 厕所与垃圾箱分布

按照园区功能、人流情况，规划每座厕所 30 平方米，人员流动多和居住密集区要设置果皮箱。

在人流比较集中的地方设置便利店，满足游客基本需求。

2. 医疗急救点

在核心区设置一个医疗急救点，应对突发状况。

3. 旅游信息标识系统

设置具有引导、提升、劝诫、禁止等信息的标识设施系统。

（七）桃果品集散地及停车场建设工程

以桃果品销售展示、配套农业生产资料经营和物流配送为主要内容，建设占地 100 亩的农业综合商贸物流中心和停车场。

八、投资与效益估算

本实证略。

九、保障措施

本实证略。

实证四
任丘市中冠现代农业园区规划

一、概　述

本实证略。

二、规划背景与依据

（一）规划背景

1. 乡村振兴上升为国家战略

2015 年，中央文件《关于加快转变农业发展方式推进农业现代化的实施意见》，从树立新理念、构建新布局、打造新模式、发展新业态、培育新主体、强化新支撑六个方面，明确现代农业发展蓝图。党的十八届五中全会提出贯彻创新、协调、绿色、开放、共享的发展理念。

党的十九大提出，社会主要矛盾已经转化为人民日益增长的美好生活需要和不平衡不充分的发展之间的矛盾，实施乡村振兴战略，坚持农业农村优先发展，按照产业兴旺、生态宜居、乡风文明、治理有效、生活富裕的总要求，建立健全城乡融合发展体制机制和政策体系，加快推进农业农村现代化。构建现代农业产业体系、生产体系、经营体系，完善农业支持保护制度，发展多种形式适度规模经营，培育新型农业经营主体，健全农业社会化服务体系，实现小农户和现代农业发展有机衔接。

2019 年，中央一号文件要求“夯实农业基础，保障重要农产品有效供给”。调整优化农业结构。大力发展紧缺和绿色优质农产品生产，推进农业由增产导向转向提质导向。加快突破农业关键核心技术。强化创新驱动发展，实施农业关键核心技术攻关行动，培育一批农业战略科技创新力量，推动生物种业、重型农机、智慧农业、绿色投入品等领域自主创新。

在“发展壮大乡村产业，拓宽农民增收渠道”条目下，要求因地制宜发展多样性特色农业，倡导“一村一品”“一县一业”。积极发展果菜茶、食用菌、杂粮杂豆、薯类、中药材、特色养殖、林特花卉苗木等产业。支持建设一批特色农产品优势区。创新发展具有民族和地域特色的乡村手工业，大力挖掘农村能工巧匠，培育一批家庭工场、手工作坊、乡村车间。健全特色农产品质量标准体系，强化农产品地理标志和商标保护，创响一批“土字号”“乡字号”特色产品品牌。

支持乡村创新创业。鼓励外出农民工、高校毕业生、退伍军人、城市各类人才返乡下乡创新创业，支持建立多种形式的创业支撑服务平台，完善乡村创新创业支持服务体系。

2019 年 5 月，《中共中央 国务院关于建立国土空间规划体系并监督实施的若干意见》指出，整体谋划新时代国土空间开发保护格局，综合考虑人口分布、经济布局、国土利用、生态环境保护等因素，科学布局生产空间、生活空间、生态空间，是加快形成绿色生产方式和生活方式、推进生态文明建设、建设美丽中国的关键举措。自然资源部办公厅在《关于加强村庄规划促进乡村振兴的通知》（自然资办发〔2019〕35 号）明确提出了加强村庄规划促进乡村振兴九大任务。在中共中央办公厅 国务院办公厅印发的《数字乡村发展战略纲要》提出，将数字乡村作为数字中国建设的重要方面，着力弥合城乡“数字鸿沟”，培育信息时代新农民，走中国特色社会主义乡村振兴道路，让农业成为有奔头的产业，让农民成为有吸引力的职业，让农村成为安居乐业的美丽家园。

2019 年夏天，习近平总书记在北京国际园博会开幕式上，号召：共谋绿色生活，共建美丽家园。教诲我们：纵观人类文明发展史，生态兴则文明兴，生态衰则文明衰。要追求人与自然和谐，追求绿色发展繁荣，追求热爱自然情怀，追求科学治理精神。

2. 家庭经营为基础培育合作社和家庭农场

2019 年 2 月 21 日，中共中央办公厅 国务院办公厅印发的《关于促进小农户和现代农业发展有机衔接的意见》指出，发展多种形式适度规模经营，培育新型农业经营主体，是增加农民收入、提高农业竞争力的有效途径，是建设现代农业的前进方向和必由之路。

2019年4月15日，中共中央 国务院发布《关于建立健全城乡融合发展体制机制和政策体系的意见》；2019年6月17日，国务院发布《关于促进乡村产业振兴的指导意见》（国发〔2019〕12号）；2019年8月27日，中央农办、农业农村部等11部门和单位联合印发《关于实施家庭农场培育计划的指导意见》。

3. 河北省政府高度重视现代农业园区建设

为充分发挥农业园区对农业产业结构调整和农民增收的示范引导作用，《河北省国民经济和社会发展第十三个五年规划纲要》明确指出，发展现代农业，强化农业基础地位，构建具有河北特色的现代农业产业体系，全面提升农业综合生产能力和现代化水平。2015年7月，中共河北省委办公厅、河北省人民政府办公厅颁布《关于加快现代农业园区发展的意见》，明确了加快现代农业园区发展的总体要求、任务目标和基本原则，提出“到2017年，全省建成命名100个左右省级现代农业园区，带动各地建成一批市县级现代农业园区。”《河北省农业供给侧结构性改革三年行动计划推进方案》（河北省农业供给侧结构性改革工作领导小组2018年6月）明确提出在全省打造100个现代农业精品园区。河北省农业厅在《关于加快省级现代农业园区提档升级的意见》（2018年8月）中，要求围绕四个提升重点，聚焦做大做强主导产业，聚合新型经营主体，聚集现代生产要素，聚力建设现代农业产业集群，真正把园区打造成“生产＋加工＋科技”全产业链发展的新高地。到2020年，所有省级园区全部建成生产功能突出、产业特色鲜明、要素高度聚集、设施装备先进、生产方式绿色、经济效益显著、辐射带动有力的现代农业园区。

河北省委、省政府2019年3月发布了《关于坚持农业农村优先发展扎实推进乡村振兴战略实施的意见》。

深入贯彻党的十九大精神和中央一号文件要求，坚持创新、协调、绿色、开放、共享的发展理念，遵循农业供给侧结构性改革要求，以现代农业园区建设为抓手，促进乡村振兴，实现产业融合，在任丘市政府统一组织下，由中冠牡丹（北京）农业科技有限公司承担建设任丘中冠现代农业园区，实现特色产业鲜明、水资源高效利用、基本农田质量提升、环境优良宜居宜业，三生同步、三产融合、三位一体，乡村振兴。

（二）规划依据

1. 规划范围

邢村、小门村、东庄店村、东大坞村、野王庄村 5 个建制村。

2. 规划期限

规划期为 5 年，即 2020—2024 年。

三、园区概况

（一）任丘概况

本实证略。

（二）园区概况

1. 园区现状简介

中冠现代农业园区（牡丹）位于议论堡镇，涉及邢村、小门村、东大坞村、东庄店村、野王庄村 5 个建制村，耕地面积 1.7 万亩。

按卫星影像测算，规划界内总面积 24 935 亩。其中，村庄建筑区 2 688 亩，干线道路占地 522 亩，骨干水系和坑塘占地 2 092 亩。

园区位居任丘市郊东北部，南有津保路，西与市东环路相接。京九线铁路和津石高速十字交叉斜经园区，津石高速的任丘出口离园区 2 公里，交通便利。任文干渠横贯园区，东临古洋河。

园区紧邻市区，到中心区 7.4 公里，北邻雄安新区，到其边界 12 公里。与周边大城市（北京、天津、石家庄）距离均 100 多公里。

园区内主要水系为任文干渠，界内长 5 公里。河道占地宽度约 177 米。

其中，常水面河床宽60米；南侧有行洪滩，宽60米。两侧大堤已经绿化，堤下有田间道路。在京九铁路桥东建有一个拦水坝，坝西的水景观已经形成。

园区内排水沟和台田条田沟纵横遍布。有深水井8眼，变压器25台，池塘6个，滴灌设施贯穿农田。

津石高速在园区北部通过，其出口（东二环）距离园区仅两公里。村村通硬化路，田间路遍布，道路平坦，交通便利。

土壤为沙性壤质潮土，曾是盐渍化区，盐渍化潮土较多。现在，普遍得到改良。但是，依然有潜在盐渍化的危险。

2. 园区建设发展情况

中冠园区自2016年开始运作，2017年开始种植。受到任丘市委市政府和沧州市农业农村局的重视，多次视察，并广为宣传报道。

中冠牡丹（北京）农业科技有限公司已完成土地流转17 000余亩。到现在，投资1亿余元，完成10 000余亩苗木的建设，苗木面积还在不断扩建当中，苗木的各种规格、各种种类的达100余万株。

拥有各种农机具60余台。从高等学校聘请了管理人员8名，专业技术人员15名，广泛吸纳周边农村剩余劳动力。

该现代农业园区定期邀请安徽亳州、河北安国中药材技术专家来园区培训指导社员科学种植，解决在种植过程中遇到的各类问题；苗木种植方面，与山东省济宁市、河北省保定市、江苏邳州市、河南鄢陵县等40余家苗木花卉种植企业和基地建立了良好的合作关系；通过网络、电话沟通建立了多个全方位的信息交流平台，随时交流，了解苗木行业的发展动态，了解各种苗木的供需状况、市场行情以及最新的种植技术，以便合理安排种植品种、结构，打造出优质园区。

3. 园区建设思路

瞄准京津冀一体化市场，着眼于休闲旅游业发展的最新态势，从沧州市、任丘市的全局高度，以集聚产业要素、实施梯级开发的发展思路。致力“三生同步”“三产融合”“三位一体”，谋划示范园区休闲农业产业发展。以农业生产、娱乐参与、浏览观光为主题营造生态环境，种植特色果品蔬菜，开发有经济效益的特色产品和服务，在增加经济效益的同时，达到保护生态环境、美化自然景观的目的。全园积极围绕生物链、生态链、文化链的构景分区，形成良性发展系统。

四、指导思想与发展目标

本实证略。

五、园区定位与空间布局

（一）园区定位

以牡丹产业为特色，种养结合，种养循环，和谐发展。产加销一体化发展，产业链条完整。立足“环保养殖、有机菌菜、生态果品、优质生猪”等主导产业优势，以龙头企业为主体，各类合作组织、经济组织、金融机构等共同参与，延长产业链条，发展“公司＋基地”“公司＋合作社＋基地”等多种模式，加快构建从田间到餐桌、从原料到成品、从生产到消费，产加销一体化经营、一二三产业融合发展的现代产业体系，带动全市高效生态特色农业发展。

（二）园区功能分区

按照现代农业园建设管理规程，结合园区实际，划分三个层次。

1. 分区（图 3-7）

核心区。位于东二环东、小门村北、邢村西。面积 5 229 亩（面积包括田间路和排水沟）。

示范区。面积 16 824 亩。

辐射区。主要指园区外的议论堡镇，面积 4 万亩。

2. 功能区的关联

三个功能区互相关联，以核心区为驱动源泉，带动示范区和辐射区，

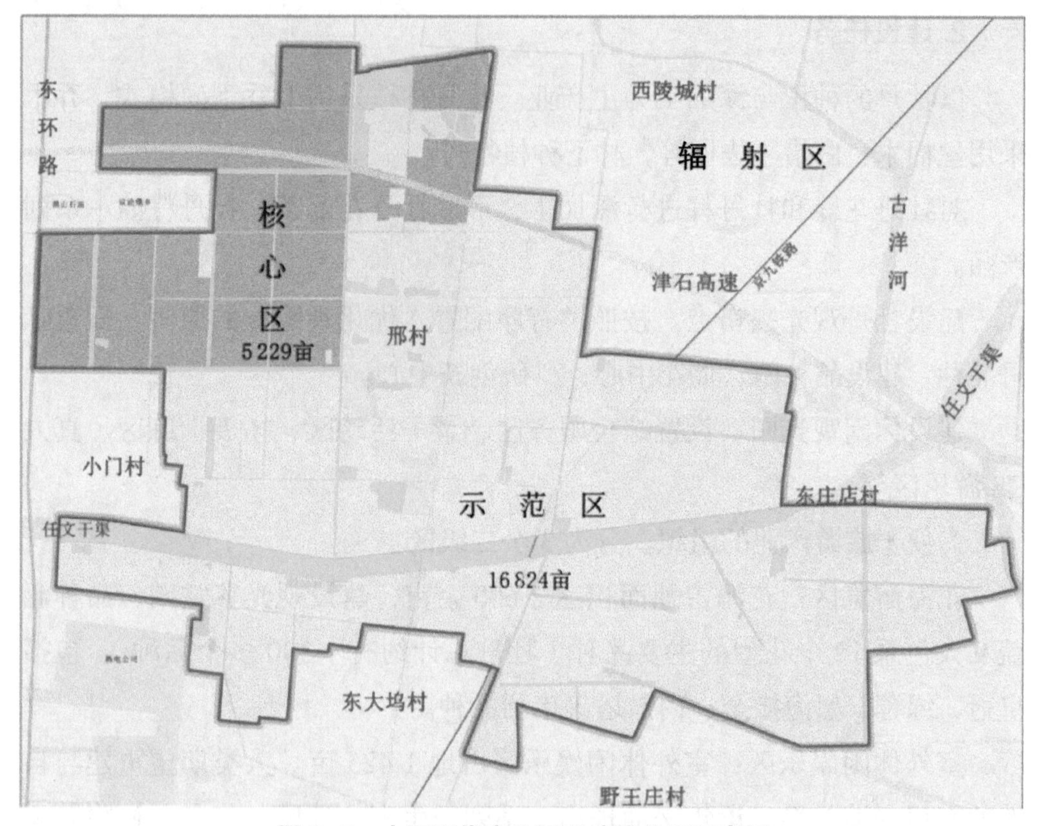

图 3–7 中冠现代农业园区功能分区示意图

以示范区和辐射区显现园区的总体功能和效益放大。

以核心区为种业创新源，扩展到示范区，辐射更大范围；在核心区以牡丹为主体建牡丹观光园、品种博览园。在示范区，沿任文干渠建旅游观光产业带；与邢村美丽乡村结合，建设农业农村旅游观光区；在水果和蔬菜区发展采摘观光园，带动全园区的一二三产融合。

（三）核心区

1. 地点和面积

核心区起自东环路的东侧，南有小门村，东是邢村，中西部有一个居住区，有燕山石油和乡第一小学。津石高速横贯北部邢村西，离出口仅 2 公里。核心区面积 5 229 亩。

以牡丹的种植与深加工为主产业，采用上乔下灌模式进行种植，同时发展以牡丹为特色的休闲观光。

2. 建设任务

以牡丹的种植与深加工为主产业。牡丹种植采用上乔下灌模式，乔木采用丝棉木、白蜡、法桐等，林下种植牡丹。

对牡丹花蕊和牡丹籽进行深加工，形成牡丹花蕊茶、牡丹籽油一系列产品。

建设牡丹观光兴奋点。按照“有序配置，优化观瞻”的原则，配置牡丹品种，建设品种园、催花中心、科研创新中心。

建设休闲观光园。设置综合服务区、亲子活动区、拓展训练区、真人CS游乐区等。

为便于旅游产业的组织，分为3个二级区。

花海游览区：花海占地面积达2 600余亩，建设观光鉴赏园，品种涵盖9大色系12个花型的主要品种（牡丹总计约有1 300多个品种），包括皇冠、绿幕、黑海撒金、白雪塔等珍稀品种。

室外休闲娱乐区：室外休闲娱乐区占地1 425亩。人类期望重建与自然的有机和谐关系，近年来涌现出一系列与生态、休闲、亲子、探险等有关活动来吸引游客。

乡野风情住宿区：乡野风情住宿区占地1 185亩，按观光园区的品种布局，利用津石高速公路的隙地、坑塘边配置。独特的乡野风情住宿区让游人回归大自然的宁静，缓解疲惫身心；同时远离快节奏的生活，放慢生活的步伐。乡野风情将带给游人梦寐以求的休息场所。

（四）示范区

1. 示范区地点和面积

位于园区东部和南部，面积16 824亩（面积包括田间路和排水沟）。分为共享农业和蔬果采摘两个二级区。以任文干渠为主体，建设休闲旅游观光带。

（1）共享农场区

位于邢村和小门村，交通方便，南靠任文干渠休闲观光带，面积3 532亩。

随着时代的变迁，部分青少年对于农业仅仅停留在书本和概念中。园区希望青少年们通过亲身参与体验，亲身领悟传统、现代及未来农业的不同之处，体验现代农业生产的乐趣。

园区将充分开发利用现有科普资源，不断推陈出新，将科技与科普完美结合，寓教于乐，为青少年提供学习、游览、体验、互动的休闲农业场所。

（2）果蔬采摘区

位于园区的东部和南部，夹任文干渠休闲观光带。

结合现有优质蔬、果合作社，向游客示范粮油、蔬菜、瓜果、畜禽、花卉盆景等的种养殖环境，引导游客进行现场采摘。以 2017 年为例，总计吸引 2 000 余位游客，带来的直接收入达 60 万元。

2. 建设任务

结合牡丹面积的规模化，采用林牡丹间作、牡丹药材蔬菜轮作等模式，发展多种经营，为休闲旅游创造基础条件。

主要以农耕文化、中药材文化、中国传统文化为主要核心开展认知、休验等活动的区域，主要涉及农耕体验、休闲观光等产业。

中部布局水景水文化亲水观光带。

发展循环农业，园区生态循环模式如图 3-8 所示。

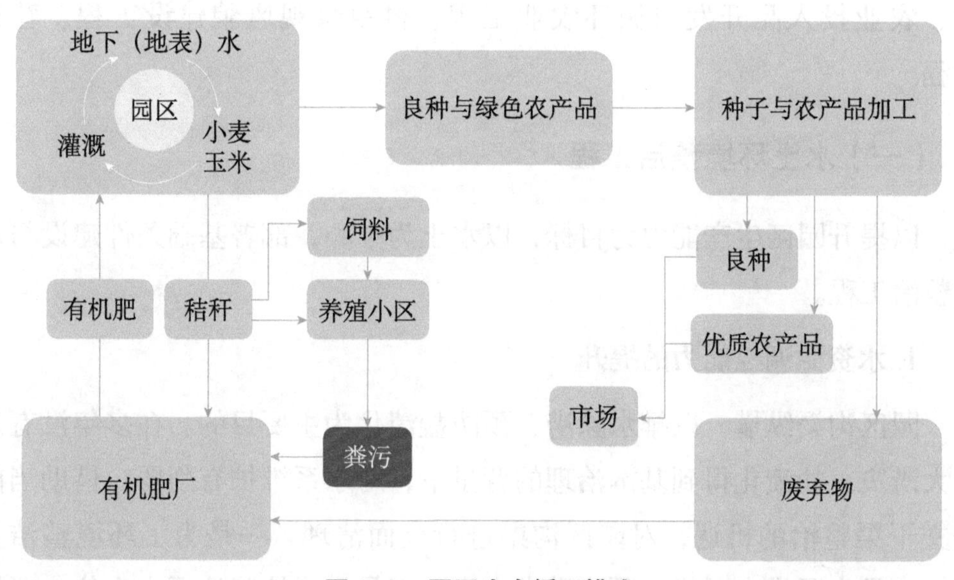

图 3-8　园区生态循环模式

（五）辐射区

主要为议论堡乡。全镇耕地5.8万亩，扣除园区的核心区、示范区以后，剩余耕地面积4万亩。

辐射内容主要包括：①园区的生产技术，品牌效应；②以加工带动订单产品收购，扩大特色产品的规模效应；③推广带动农户，培育家庭农场和合作社的机制。

六、园区建设的主要工程

按照体现统筹性和可操作性、突出科学性和前瞻性的原则，依据总体布局，实施七项工程，循序发展特色（牡丹）产业规模化种植和以牡丹为主的农产品加工业，推进农村服务业，以种植、贮藏、加工、科技创新、电子商务、物流配送、旅游休闲观光等为重点，衔接复合，有序配置，优化观瞻，实施特色农业综合开发，建成以牡丹为特色、种养加一体、三产融合的现代农业园区。

以三品一标、提质增效为目标，园区主要建设工程包括：水土环境整治工程、牡丹种植与创新、牡丹产品的深加工、间作种植业、旅游工程、农业投入品开发与循环农业工程、村镇景观风貌建设工程、营销工程。

（一）水土环境整治工程

以提升园区生产能力为目标，以水土为中心，部署基础条件建设与环境整治工程。

1. 水资源调控能力的提升

园区沟渠纵横，以排水除涝、预防盐渍化为主要目的。在多年没有发生大涝灾、盐渍化得到基本治理的背景下，对水系维护有削弱。借助当前任文干渠整治的机遇，对园区沟渠进行全面清理。一是为了环境整洁美观；二是为了排水通畅，预防洪涝灾害；三是为了控制地下水水位，严格控制地下水水位回升到土壤返盐临界深度。

正确处理农业生产用水、生活用水和景观用水之间的关系。按用途安排水源和供水技术，实现生活用水深层淡水、井泵一体、无塔供水系统。灌溉用水为地表水，管道输水，各类采摘果树、设施栽培均采用喷灌形式。

按沧州市的号召，形成全园区的河塘沟渠一体化水资源调节体系。雨水能蓄，客水能拦，水多能排。并可以利用水塘发展水产养殖。

结合旅游，本着生态保护优先的原则，充分利用原有水系及水利工程，以任文干渠为主体，实现水系全贯通，完善旅游水循环系统，进有源，排有路，提升水景观，弘扬亲水文化。以土地整治和产业规模化经营为依托，满足观光农业园区生产、生活和休闲娱乐的需要。

2. 高标准农田建设

本地土壤基本上处于旱涝碱咸薄背景下，底质不良。按照高标准农田建设标准，实现旱涝保收，还有距离。一要土地平整，二要维护台田条田的防涝排咸功能，三要发展节水灌溉（如管道输水、滴水灌溉），四要以有机肥为主培肥地力。严格执行“一控两减”（控水减肥减药），防止土壤污染和水资源的面源污染。

加强土地整治和废弃地整理。为防治土壤次生盐渍化，积极扩大林草植被覆盖率。提升生态系统的稳定性和防灾减灾能力，提高为城乡提供生态服务的功能。

3. 整修完善农村及田间路、电网基础设施

园区道路全面疏通整治。按交通量需要，达到国家道路建设的标准。按旅游区规划设置观光道（分观光车道和观光人行道）。观光车道与公路及村庄相连，连接各个景点、功能区，形成纵横交叉的园区道路网络。

完善从变压器（园区目前变压器有25个）到各建筑物、机井电动机之间的输变电网络，铺设必要的低压线。按照智慧农业和旅游业发展的需要，配置低电网络，实现物联网+。

（二）牡丹产业建设与创新工程

牡丹产业建设和创新工程是园区产业体系建设的核心。特色产业体系如图 3-9 所示。

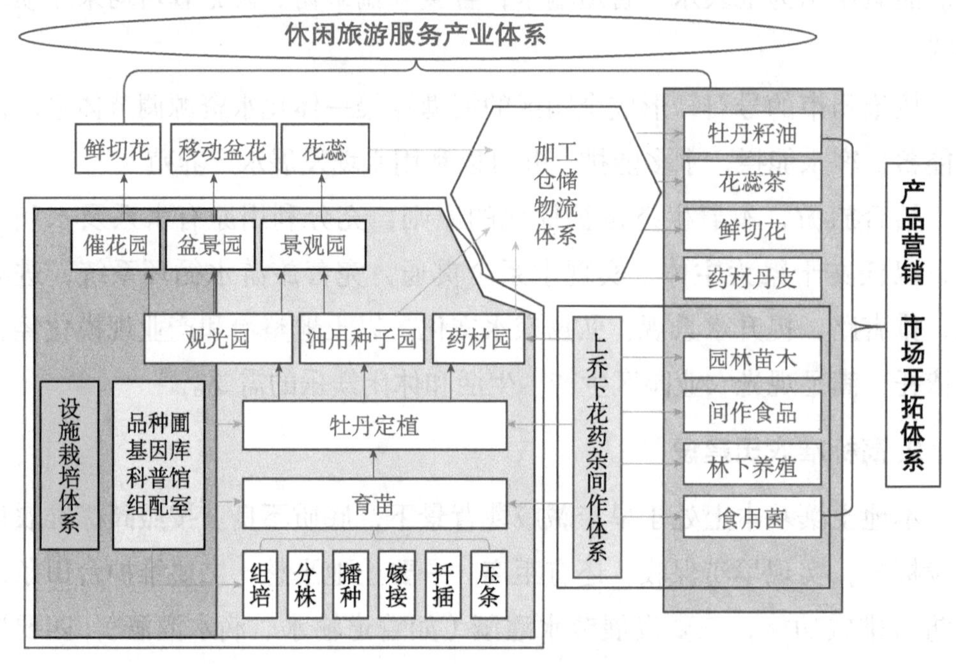

图 3-9 任丘市中冠现代农业园区特色产业体系

1. 万亩牡丹产业园工程

牡丹栽培是产业的基础。综合考虑产业需要，规划万亩牡丹产业园，包括：①育苗基地千亩，其中设施栽培区 100 亩；②观光牡丹园 500 亩；③油用牡丹生产区 8 000 亩，包括间作套种、轮作区。

（1）育苗基地

育苗基地部署在核心区。

育苗基地按多种育苗方式并举配置。

分根苗培育区：按品种收集生产区的牡丹分根小苗，精细培育壮苗，优点是品种清晰，苗龄大，开花早。

播种苗区：繁殖快，增殖系数高。但是，品种常变异，开花期较晚。

扦插育苗区：牡丹扦插比较困难，插穗需要精细选择，育苗扦插床条件要求严格，需要设施条件配合。

嫁接繁殖区：是优良品种的基本繁殖方式。可以采用实生苗、芍药苗作砧木。

（2）牡丹观光园

牡丹观光园布局在核心区，要有序布展，突出观瞻嗜好。一般要与园林小品配合，提高颜值。

（3）油用牡丹

油用牡丹是本园区牡丹产业的主体，以生产种子为主，兼收药材和加工原料。可以采用大田种植、林下种植、间作种植等形式植苗建园。

2. 牡丹栽培技术创新工程

牡丹产业的发展离不开技术创新和现代生产条件的利用。集中布局在核心区，与管理服务、观光旅游区配合。牡丹栽培创新包括3个方面：育苗技术、设施栽培催花技术、牡丹盆景艺术。

育苗技术创新主要是快繁组培技术，特别是优良品种的繁殖。常言："好花不结籽"。采用组培技术育苗可以保持品质，防止变异。

采用环境控制，改变花期的催花技术已经普遍应用。利用各种大棚设施，创新催花技术，是提高园区旅游观光效益的重要措施。大中小棚、日光温室、现代温室并用，尽可能延长、调节观赏期，提高游客吸引力。

盆景艺术不仅增加观瞻颜值，也是旅游创收的重要途径。

3. 科普旅游

除了田园观光园配置，牡丹旅游产业还有三个重要方面：①牡丹知识科普馆；②品种基因库（品种观光园）；③伴手礼——包括鲜切花、盆花、仿花制成品。

其中，牡丹基因库新引进了800余个品种，更加丰富了园区内容，既能吸引游客增加当地旅游收入，又能向当地及首都乃至全国人民展现国花牡丹千种、万亩牡丹盛开的花海景色。

（三）牡丹及多种经营产品加工工程

深加工工程包括牡丹产品加工和多种经营产品的加工。原料收购、储存和初加工安排在园区，深加工在公司进行。

牡丹产品：建设牡丹产品深加工体系，以种子加工（牡丹油）为引领，对牡丹花蕊和牡丹籽进行深加工，形成牡丹花蕊茶、牡丹籽油一系列产品；还有牡丹药材加工。

粮果蔬农产品加工物流带建设项目：建成优质粮食、蔬菜、水果的加工生产基地，产品配送中转站的物流基地，先进生产技术和设备应用基地，培育成熟的加工产业带和产业集群，带动园区绿色种植、养殖、旅游共同发展，真正实现一二三产高度融合。

1. 主导产业——牡丹的深加工

牡丹的深加工主要是对其花和籽进行处理，生产牡丹花蕊茶和牡丹籽油这两个产品。“牡丹油”被称为“液体黄金”。2011 年 3 月，卫生部监督局根据《中华人民共和国食品安全法》的规定，经新资源食品评审专家委员会审核，公开批准牡丹籽油等新资源食品。牡丹籽油正式成为我国食用油大军中的一员，牡丹籽油的开发意义非同寻常，它将改变目前我国食用油的消费结构。园区内种植了 4 200 亩油用牡丹，并有 1 500 亩牡丹育苗，后期也会逐渐增加油用牡丹的种植面积。

（1）牡丹籽油

牡丹籽油含有丰富的α-亚麻酸，并且富含蛋白质、锌、钙、镁、磷及维生素群、类胡萝卜素、氨基酸、多糖和多种不饱和脂肪酸。

它有调节血脂、预防心脑血管疾病等作用，还有美容、护发、防止妊娠纹的功效，又称液体黄金，加工过程也非常复杂，首先进行的是种子的清理除杂，进而剥壳、分离、炒料、压榨、萃取等过程，从而生产出牡丹籽油。

（2）牡丹花蕊茶

研究表明，牡丹花蕊茶中氨基酸总量达 17.25%，蛋白质含量 17.4%，多糖含量 2.76%，总黄酮含量 0.81%，维生素 E 含量 69.27 毫克 / 公斤，还含有其他有益人体的生物活性物质。长期饮用能降血脂、降血糖、防治前列腺疾病，还有活血化瘀、养颜美容、清火明目、润肠静心、强身健体、延年益寿之功效。

牡丹花蕊茶的加工：将采收的新鲜花蕊放置在干燥透风环境中，然后简单晾晒，进而经过超声波烘干设备处理，再进行筛选等步骤，即可完成。

2. 多种经营产品加工

园区经营多种产品，包括粮食、黍薯、果、菜、药材等。收购和加工是重要的增值途径。

园区内有 3 个仓库，总计可容纳 4.5 万吨粮食，总的占地面积大约 100 亩，能够满足当季所有作物收获后的贮藏需求。农产品的仓储是为了保留存货与保存产品，仓储主要通过改变农产品的时间来创造价值。良好的仓储条件也是园区工作中的重点。

部分农民为能获取经济效益，往往只重视降低生产成本和销售成本，却忽视了物流中潜在的利润。物流不仅具有在企业生产、供应和产品销售领域提高经济运行效率的价值，同时在降低企业生产成本、增加企业盈利、推动企业经营的价值方面也具有显著的意义。

园区拥有加工坊，内置 3 台加工机械，可以满足日常粮食的加工，包括小麦、玉米、黑豆等，每年可加工 60 万吨粮食，并且保证食品质量安全健康。

（四）间作种植业工程

在中冠现代农业园区，为了持续发展、生态良好，间作套种、轮作是必要的。牡丹是主要的，不是唯一的。

园区承包签订的时间是 12 年。维持牡丹产业，预防病虫害的发生发展，需要轮作。牡丹生命周期比较长，寿命可达百年或数百年之久。株龄通常分为：1 ～ 3 年为幼年期；4 ～ 14 年为青年期；15 ～ 40 年为壮年期；40 年以上为老年期。4 ～ 5 年始能正常开花，是观赏最佳株龄期。4 ～ 5 年轮作一茬。轮作作物可以是粮食、蔬菜、黍粟、薯类。

牡丹生育期中，花期短，从 2 月初至 10 月末或 11 月初为生长期，而 11 月至翌年 2 月为休眠期。早春气温稳定在 3.5 ～ 6℃萌芽，6 ～ 8℃抽发新枝，8～16℃花蕾迅速发育，16～22℃开花，22～25℃进行花芽分化。夏季酷热，处于休眠状态。林间种植、间作种植是有益的。

1. 间作轮作

依据生态规律，健康培育牡丹产业，立足“环保养殖、有机菌菜、生态果品、优质生猪”等主导产业优势，开发牡丹园间作、轮作体系。

2. 上乔下灌模式

上乔下灌（木），林下牡丹是成功的经验。常见的给牡丹“打伞”的千亩品种很多。为了提高经济效益，采用园林大苗与牡丹间作是成功的。

3. 间作物管理技术

园区绝大部分地块都有电脑数控滴灌设施，滴灌的优点为：省水，在作物生长期内，比常规灌溉节省大约 40% 的水；还能减轻化肥对土壤、对环境的负面作用；省农药，一般可节省 10% 的农药；省地，由于取消了沟渠，大约可节省 6% 的耕作土地；精准施肥，可根据作物所需元素配备肥料。

4. 种植管理新技术

园区内种植经过精心培育的优良品种，亩产牡丹籽可达 400 公斤 / 亩，大大提高了效益。

园区内种植的还有红花刺槐（聊城）、大叶丝棉木以及圆叶丝棉木等优良树种，种植面积在 5 000 亩左右。

无人机的使用：作物种植管理期间，园区大量使用无人机作业，这样不仅可以远距离操控，而且不受地形限制、安全，无人机打药效率极高，每分钟可喷洒 1.5 亩左右，一天（按 6～8 小时计）一架无人机可喷洒 450 亩左右，相当于 65 个人的工效，大大地解放了劳动力。

（五）休闲旅游工程

面对新时代社会主要矛盾，为了满足日益增长的美好生活需要，解决城乡发展不平衡不充分的矛盾，建设美好乡村，发展旅游农业是重要的方面。中央提出发展休闲农业、一二三产业融合发展。

现代农业园区要紧紧围绕中央提出的八个目标（“促进国民经济转型、加快城乡发展一体化、确保国家粮食安全、保障农产品质量、推进资源节约、实现环境友好、增加农民收入、提高农业效率”），构建 1×2×3（或 1+2+3）=6 的农村产业体系，开启农业 4.0 时代，从旅游农业的需要出发，倒逼全产业链的发展。

园区自 2016 年下半年启动以来，休闲旅游已经有成效，主要在农作物参与和采摘上，取得了初步成效。

1. 旅游分区与重点

结合园区战略定位和发展思路，立足现状，展望未来，将园区资源特点资源优势与市场需求、未来社会发展相结合，以“五区一带”为基本框架，围绕三大功能，形成十六分区的总体布局。

五区：万亩花海游览区、室外休闲游览区、乡野风情住宿区、农场耕作区、无公害蔬果采摘区。

一带：沿河（任文干渠）风光带。

拓展、教育培训功能：主要涉及拓展训练、会议接待、教育培训、餐饮服务等产业。包括综合服务区、亲子活动区、拓展训练一区、拓展训练二区、拓展训练三区、真人 CS 游乐区，共 6 个分区。

农业生产及农业休闲功能：主要以农耕文化、中药材文化、中国传统文化为主要核心开展认知、体验等活动的区域，主要涉及农耕体验、休闲观光等产业。包括中药材文化展示区、牡丹展示区、果蔬采摘区、杂粮种植区、林下养殖区、农耕文化展示区，共 6 个分区。

休闲养生功能：主要涉及武术养生、温泉养生等相关休闲产业。包括武术养生区、全息养生区等，共 4 个分区。

2. 旅游线路设计

本着休闲、体验、观光目标优化路线配置，与五区一带的总体规划和旅游设施配置衔接。

线路自任丘市东环路起，设两个入口：一是进邢村的主道口；二是任文干渠北。

旅游线路：一进牡丹观光中心区，二进任文干渠观光带。

3. 任文干渠旅游带水景观体系建设

水景观随任文干渠布置，创建 5 处蓄水景观湖，渠系连通。以拦水坝为中心构建坝上坝下两种类型的水景观。坝上（西）为戏水景观区，坝下（东）为湿地水草景观区，以红蓼、罗布麻为主。

五个蓄水景观湖按休闲景观设置，布设垂钓、养鱼等设施。

突出用好雨水和中水，连接到园区内景观水系中，实施生态深度净化。严防各种污水进入水景区。

4. 完善园区观光设施

完善道路景观建设。在观光车道和观光人行道两侧种植各种景观绿化树种；各观光车道和观光人行道交叉路口设置园区文化标识牌。

设立园区展示牌，各路口处设立醒目的标志。

蔬菜、林果、粮食等规模化种植，在园区内形成了多类型农业自然景观。

按拓展培训区、农业生产及文化认知体验区、休闲养生区配置，融入武术养生、温泉养生等休闲养生产业。

在必要地点设置足量且符合标准的旅游厕所。

5. 培育家庭农场，完善家庭农场旅游设施

在园区内，返租承包培育家庭农场。以家庭成员为主要劳动力，从事园区规划的规模化、集约化、商品化生产。适宜的承包规模为 30 ～ 100 亩，拥有主产业和适量的农业机具。

家庭农场（庄园）建设趣味开发项目，建设园林园艺景观。

按各具特色的原则，选定农场的主产业，例如庭院式水果、蔬菜、特色营养杂粮作物等种植业，特色畜禽——孔雀、鸵鸟、香猪等，实行园林化布局，庭院化园艺化种植、养殖。

建设完整的水资源利用体系，景观美好，资源节约，水土环保。

配备必要的无障碍设施、遮阳避雨、休息座椅等人性化设施，提供人性化爱心关怀服务。

特色餐饮服务。区域内农家乐和乡村酒店宜纳入统一管理，提供的餐饮服务须依法取得食品经营许可证。菜肴要突出民间、农家特色，推荐民间菜和农家菜。

有条件的家庭农场可以设置周末度假民宿条件。

6. 设计多彩的亲子旅游活动

开发丰富的求知、求真、求趣类亲子活动项目，如体验、DIY（手工）等活动，利用园区的农业环境与农业生产，赋予其教学讲解、农事体验的功能，体验耕种、采摘、垂钓、烹饪、表演等活动，参与工艺品制作和趣味竞赛项目，展示胸怀，追忆田园乐趣，以享受淳朴的民风与自然的和谐。

7. 旅游伴手礼产品开发

伴手礼指出门到外地时，为亲友买的礼物，一般是当地的特产、纪念品等。“伴手”是伴人送手礼，也就是古人“伴礼”的意思。休闲体验之旅的新时代伴手礼不仅让人们在享受美食之时感受文化，也借助绿色生活为人们的生活添姿增彩。

开发以牡丹为特色的“伴手礼”，特别是牡丹文化和食材食品，将玩、吃、文、礼四者相结合，开辟多种门路，发掘匠人潜力，多办手工艺加工厂。

（六）农业投入品开发与循环农业工程

本实证略。

（七）村镇景观风貌建设工程

按照美丽乡村建设的要求，加强村庄景观风貌建设。园区景观风貌建设的主要内容包括：①统筹规划田园特色景观风貌，建设地标性特征建筑；②园林化、生态化的田园居住区及配套建设；③休闲观光服务项目开发。

2019年，自然资源部办公厅《关于加强村庄规划促进乡村振兴的通知》（〔2019〕35号）要求优化调整用地布局。在不改变县级国土空间规划主要控制指标情况下，优化调整村庄各类用地布局。

探索规划“留白”机制。各地可在乡镇国土空间规划和村庄规划中预留不超过5%的建设用地机动指标，村民居住、农村公共公益设施、零星分散的乡村文旅设施及农村新产业新业态等用地可申请使用。对一时难以明确具体用途的建设用地，可暂不明确规划用地性质。建设项目规划审批时落地机动指标、明确规划用地性质，项目批准后更新数据库。机动指标使用不得占用永久基本农田和生态保护红线。

1. 田园特色景观风貌建设

村庄及田园景观风貌以挖掘本地自然人文资源，以自然景观、历史文化为重点，塑造特色风光，提升品位形象。

（1）生态修复

对区域内森林、湿地、植被等自然资源进行生态保育，保持原生态自然环境。

区域空气质量优良天数明显高于全市平均水平。

对区域内坑塘河道进行综合治理，保持水体清澈、水质清洁、岸坡稳定和水流通畅。

岸边宜种植适生植物，绿化配置合理，养护到位。

（2）绿道建设

对区域内旅游线路及周边环境整治提升，主干道应为三级以上公路，道路交通标识设置合理、美观，路面宜黑色化处理，适宜路段可采用“海绵城市”透水道路系统，次要道路宜乡土生态铺装。

区域内道路两侧应种植经济林果和绿化苗木，因地制宜栽种直径10～12厘米的乡土树种，力争5～10年形成林荫大道。

区域内林相、植被丰富，形成四季景观，林木覆盖率高于40%。

（3）自然景观

对区域内极富代表性的独特山水资源进行开发与利用，打造一批观赏型农田、名优瓜果园，观赏苗木、花卉展示区，湿地风光区，山水风光区等自然景观区。

（4）人文景观

立足本地历史文化资源，把古树名木、文物古迹、建筑遗存以及非物质文化遗产等纳入历史文化保护对象。

以本地历史遗存、事件传说、地名人物、传统民俗活动等为载体，打造特色人文景观，传承农耕文化、弘扬现代文化。

2. 园林化、生态化的田园居住区及配套建设

打造具有整洁完善、独具风貌特色的田园社区，完善的居住区及服务配套是迈向城镇化结构的重要支撑，构建了城镇化的核心基础。此外，在环境打造上，必须克服高楼大厦的城市模本，小桥流水的乡村图景在这里应充分被展现。

（1）村庄功能互补

完善乡村的现代生活和生产功能，围绕满足村庄村民和外来游客需求，加强金融、医疗、教育、商业等公共服务配套，形成产城一体化的公共配套服务网络。

（2）基础设施共享

立足需求，配置生态停车场、公厕、污水处理等公共基础设施，实现投资效益最优化。

生态停车场应充分利用村内空地、废弃地、道路沟沿等合理规划建设。

公厕应建成生态无害化旅游厕所，设施与卫生至少达到《旅游厕所质量等级的划分与评定》（GB/T 18973—2016）一星级要求。

村庄生活污水按照国家农村地区生活污水处理设施技术标准，结合实际选用处理工艺，合理选择城镇污水处理厂延伸处理，就地建设小型设施相对集中处理以及分散处理等方式。

（3）建筑风貌塑造

因地制宜设计农民住房户型方案，推荐采用具有本土特色的屋面、窗样、门洞、屋脊、瓦当、滴水等建筑构件进行外立面改造。

其他建筑设施提倡采用原生材质作为建筑主材，让每栋建筑与自然完美融合。

（4）推进垃圾分类

全面取消垃圾房（池），配设分类垃圾桶（箱），做到日产日清。

（5）村庄绿化美化

提倡使用乡土树种，增加珍贵树种造林比重，鼓励有条件的村民庭院种植经济树种。

3. 休闲观光服务项目开发

（1）旅游设施配套

统筹考虑淡季和旺季游客需求，使游客服务中心位置合理、规模适度，设施、功能齐备。

区内推荐配置低排放或清洁能源交通工具。

注重人性化设施与服务，配备必要的无障碍设施、遮阳避雨、休息座椅等人性化设施，提供人性化爱心关怀服务。

开发与夜生活配套的乡村酒吧茶吧、休闲养生、康体服务、演艺演出、参与体验活动等场所，留住城市游客。

（2）特色餐饮服务

区域内农家乐和乡村酒店宜纳入统一管理，提供的餐饮服务须依法取得食品经营许可证。

菜肴要突出民间、农家特色，推荐民间菜和农家菜。

用餐环境必须干净整洁，有专门的餐厅，条件不具备的也可以利用自家庭院，但须做好灭蝇、灭蚊、防尘、防风沙等工作。

（3）休闲度假住宿

住宿设施的重点为特色民宿、乡村庄园、乡村主题度假酒店，且能够满足游客需求。

配备暖软设备或换气装置，配套设施完好，用品配备能满足顾客需要。

（4）乡村旅游购物

应在交通要道、重要景点等醒目、易达的区域合理设置购物场所，做到集中管理、环境整洁、秩序良好。

销售商品应以特色农产品、花木盆景、传统生活老物件、民间工艺品等为主，体现乡土气息、打造特色品牌。

（八）营销工程

产区营销是园区可持续发展的保证，包括产品营销和旅游营销。

以“三品一标”为产品质量的目标，树立品牌意识。

实行农产品和旅游产品一体化营销，相互促进。

农产品网络营销是农产品营销的新型模式，园区在农产品销售过程中，全面导入电子商务系统，利用信息技术，进行需求、价格等发布与收集，以网络为媒介，依托农产品生产基地与物流配送系统扩大销售。

园区积极引入网络销售人才，从而形成了一批具有特色的“网农”团队，运用信息技术为工具，最大限度地扩大销售渠道。

加强对传统地头式市场的改造提升，注重培育区域化、专业化农产品批发市场，加快实现与京津及周边省市大型农产品物流企业产品、市场、信息等全方位的对接，畅通农产品市场销售渠道。广泛开展“无公害、绿色、有机、地理标志”产品认证。

学习区块链接知识，实行点对点营销。

农产品和旅游产品一体化营销。

中冠品牌营销，推介推广。

七、投资与效益估算

本实证略。

八、保障措施

本实证略。

实证五
河北省易县百全卧龙生态农业园区规划（2014—2025年）

一、概　论

（一）规划背景

上善易水，魅力易州。易县，古称易州，因易水而得名，处于京津保金三角地带，境内山川秀丽，特产富饶，文化源远流长，旅游资源丰厚。南百泉村隶属易县梁格庄镇，位于易县县城西10公里处，是回族、汉族、满族多民族聚居区。2013年，村委会准确把握土地流转的落脚点，组建易县众兴农牧专业合作社，按照旅游整合、农业增效、生态造区的设计理念和工作重点，建设百全生态园（规划后更名为百泉生态园），强力打造京南生态旅游明珠、现代农业产业新区、自然景观农业样板，努力实现农业强，农民富、农村美。总面积为5 000亩，辐射周边下岭、南石门、北百泉、太和庄四个区域。

以科学发展观为指导，以南百泉村现实为基础，围绕未来发展需要，编制《河北省易县百全卧龙生态农业园区规划》，用于指导规划区域现代农业及重点产业的发展方向与重点布局。

（二）编制依据

本实证略。

（三）编制原则

本实证略。

（四）规划范围

河北省易县梁格庄镇南百泉村，辐射区包括下岭、南石门、北百泉、太河庄四个区域。东、北、西三面受国道 G112 环绕，南到北易水河—下岭至南石门乡道（垭口），一期工程总面积 4 260 亩。

（五）规划期限

2014—2025 年，规划期跨三个五年计划周期。

第一阶段：2014—2015 年。功能整型期：战略定位、总体布局与争取项目，为定思路、打基础阶段。

第二阶段：2016—2020 年。核心示范期：基本建设、能力升级发展阶段。

第三阶段：2021—2025 年。辐射带动期：规划区内成效凸显、辐射带动周边区域阶段。

二、现实基础

（一）概　况

百全卧龙现代农业园区位于河北省易县梁格庄镇南百泉村，离易县县城 10 公里，西踞东华盖山，北有福山，中流北易水。西陵八景本园独领其三（华盖烟岚、福山捧日、易水寒流），紧邻国家“4A”级旅游风景区清西陵，素有清西陵“东大门”之称，是县城外的文化、经济、物流、商贸中心，被称为易县的“CBD”（中央商务区）。

南百泉村面积为 4 平方公里，总户数 402 户，总人口 1 673 人，多民族聚居，其中 70% 为回族，25% 为汉族，5% 为满族。耕地 53 亩。G112 国道环绕西北东三面，北易水河贯穿中央。

园区由易县众兴农牧专业合作社承建，一期工程总面积 4 259.5 亩（表 3-2）。

表 3-2　百全卧龙生态农业园区面积及占比

分区名称	面积（亩）	占比（%）
卧龙岗山地区	2 540.0	59.63

续表

分区名称	面积（亩）	占比（%）
北易水湿地区	345.8	8.12
川地农业种植区	931.1	21.86
村庄及村外建筑	442.6	10.39
一期工程面积合计	4 259.5	100.00

（二）自然资源

1. 园区地貌

地貌结构由四部分组成。

山前冲积滩地（耕地）。长度 1 100 米，平均宽度 340 米，总面积约 437.2 亩，地面高程 85 ～ 78 米（高出河床 2 ～ 3 米）。

村西坡积岗地。面积 450.4 亩，高度 98 ～ 106 米。田地块不整，林农相间。

河流（北易水河）。长 2 250 米，平均宽度 100 米，总面积约 345.8 亩，河床高程 81 ～ 76 米，与地面高差 2 ～ 3 米。

山场（卧龙岗）。长 1 400 米，宽 400 米，总面积约 2 540.0 亩，由三个山峰组成，山峰海拔 92 ～ 136 米。相对高程 30 ～ 60 米。

2. 气候与水文

园区属暖温带大陆性季风气候区，四季分明。春季干旱多风，夏季炎热多雨，秋季时日短促，冬季寒冷干燥。

贯穿园区的北易水河发源于云蒙山南麓，自太宁寺向东南流至龙泉庄转为向东北，至梁格庄转为向东南，经县城南侧东流，于定兴县汇入中易水，梁格庄以上河床宽 100 ～ 200 米，为河卵石组成，纵坡 1/300 ～ 1/100，河床宽 400 ～ 1 200 米，为沙夹卵石组成。干旱年冬春两季无基流。北易水为季节性河流，随降水量的大小而变化，多集中于汛期，7—9 月占年径流量的 70%。受降水量年际变化影响，径流量年际变化悬殊。

（三）社会经济与产业发展

园区地处易县梁格庄镇南百泉村，产业发展以传统农业为主体，主要包括种植业、林果业、畜禽养殖业。

南百泉村耕地面积 530 亩，全村人均耕地仅 0.3 亩，农业生产模式为小农分散经营。园区内的养殖畜牧业不发达，成规模的牛羊养殖场仅有 2 ～ 3 个，其余皆为零散的小规模养殖场。因该村为回族聚居村，牛羊肉屠宰加工有一定产业基础，日均屠宰加工量约为 10 头。按回族习俗，牛羊屠宰程序严格，食品安全性高，该村成为远近闻名的牛羊肉集散地。林果业发展缓慢，仅在山场开辟小面积葡萄、李子种植地。

南百泉村工业项目较少，易县金冈铸造有限公司位于该村。农民人均纯收入 2 730 元。

（四）历史文化遗产

南百泉村扼守清西陵景区，景致优美，历史悠长。清西陵“荆关紫气”“拒马奔涛”“云蒙叠翠”“奇峰夕照”“峨眉晚钟”“福山捧日”“华盖烟岚”和“易水寒流”八景中，本村独领其三（福山捧日、易水寒流、华盖烟岚）。

自燕赵时期，易水河畔多英雄，荆轲故事传承甚广。清西陵位于园区之西，园区北福山是清行宫所在地，西南有东华盖山。因此，园区形成了回、满、汉多民族的融合，深化清陵园的文化习俗。

园区所在村南百泉有悠久的历史和美丽的传说。据考证，此地古时泉眼密布，故称“百泉”，泉眼分南北两大片，称为“南百泉”和“北百泉”，后有人来此居住，繁衍生息，逐渐成为村落，南百泉村宋朝时建村庄。

该村东山为兴隆寺山，原为一座蜿蜒起伏的山脉，山北高大隆起，北部山头齐而陡峭，恰似一条伏卧的巨龙。

（五）SWOT 分析

1. 比较优势

（1）政策环境优势

本实证略。

（2）区位优势

园区位于京津石金三角地带，虽属山区，但交通运输十分便捷。铁路、公路齐备，京原铁路从北部穿过，高（高碑店）易（县）铁路与京广铁路相连。公路四通八达，邻112国道、京昆高速、张石高速等交通干道，易保、易定等主要干线交会于县城。乡村公路纵横交错，2011年易县改扩建国省干道、实现了公路建设“村村通”。

（3）资源辐射优势

2005年，易县被联合国命名为“千年古县”。历经源远流长的易文化、燕赵文化、清陵文化和红色文化（革命老区），形成了易县深厚而独特的文化底蕴和丰富的文化遗产，200多处古文化遗存遍布全县，有世界文化遗产1处，国家、省、县文物保护单位40个。

作为革命老区，境内有革命纪念地10多处，狼牙山五勇士抗击日寇英勇跳崖的壮举闻名中外。

易县境内自然环境优美，旅游资源丰富，有紫荆关、狼牙山、清西陵、易水湖、云蒙山、千佛山、洪崖山、千年古城燕下都、荆轲塔、老子道德经幢等古迹，景区（点）集“山水古迹”于一身。拒马河、易水河纵横交错，17座水库星罗棋布。全县林木覆盖率达48.3%，被评定为“易州国家级森林公园”，生态良好。

园区处于易县的古迹遗存和旅游资源体系圈的中心地带，聚集了丰富的旅游、文化、生态资源。与区位优势相结合，拥有京津冀的旅游休闲直接消费市场，具有文化旅游产业发展较优越的组合条件，是资源开发条件较好、文化产业投资成本较低的地区。

（4）工作基础优势

园区由南百泉村村委会、专业合作社承建。村委会及合作社负责人工作作风扎实，有企业经营的经验，能根据全县规模园区的框架设计积极争取相关项目支持。同时，该村农户对土地流转和规模经营认识到位，提质量、增效益的意识强烈。项目支持，龙头带动，群众赞同，为做好园区的建设工作奠定了基础。

2. 劣势条件

（1）农户规模化、富裕化水平不足

南百泉村人均耕地仅 0.3 亩，农户规模小；同时，园区规划范围内现有贫困村，多年以来从事传统农业生产，农户对于现代农业认知少，知识型、技能型农民少，园区重点发展的现代农业、景观农业和生态旅游农业需要大量、专业的管理人员和服务人员，该村农户现有知识积累和生产规模与园区发展建设不匹配。

（2）基础建设程度较低

园区处于从无到有的起步阶段，基础设施、发展投入、精品项目形成“行、住、食、游、购、娱”等服务设施的综合配套，以及园区文化内涵挖掘、相关制度的规范、宣传整合等软件设施都需要资金投入和工程建设，目前基础设施建设尚处于初始阶段。

（3）旅游季节性强，消费吸引力差

易县旅游旺季集中，4 月中旬到 10 月中旬是易县旅游旺季，大部分游客以一日游为主，游客停留时间较短，省外回头客少，由于景观开发不足和旅游产品落后，游客平均人均消费水平远远低于全国旅游人均消费水平。

3. 机遇与挑战

（1）京津冀协同发展战略

京津冀协同发展战略必将促进区域内经济的快速崛起，从区域功能定位出发，融入京津冀，借势发展，凭借园区的区位、生态、文化、环境、旅游等独特资源特点与京津冀地区进行互补，形成经济增长点，为园区借势发展提供了难得机遇。

（2）国内旅游业发展规律

2019 年 8 月，国务院印发的《关于促进旅游业改革发展的若干意见》，对旅游业转型升级、规范发展作出了具体部署。预计到 2020 年，境内旅游总消费额达到 5.5 万亿元，城乡居民年人均出游 4.5 次，旅游业增加值占国内生产总值的比重超过 5%。园区拟建的川地农业区、易水河湿地区、卧龙岗山地区总体构想符合国内旅游业升级转型要求，生态农业观光、特色农产品创新、太行山知识科技展示等工程项目机遇大好。

（3）任务艰巨，挑战依存

一是各地竞相发展，区域间围绕资源、市场、技术、人才的竞争更加激烈；二是资源约束矛盾突出，土地等资源紧缺；三是地处千年古县、生态氧吧，发展经济与保护环境双重任务并重，北易水生态安全整治等工程难度大，坚持生态优先的发展原则尤为重要。

三、指导思想与发展目标

（一）指导思想

以党的十八届三中全会为指导，深入贯彻落实科学发展观，在切实保护自然资源的基础上，坚持资源可持续利用和开发，充分利用当地自然、地理、文化优势，挖掘资源优势与潜力，选择强势项目，满足市场需求，以现代农业和先进科技为手段，创建一个具备发展潜力和市场竞争力的高档现代农业休闲度假旅游区，构建“可览、可游、可居”的环境景观，构筑“城市—郊区—乡间—田野”的空间结构，成为集科技示范、观光采摘、休闲度假于一体的现代农业系统，打造经济效益、生态效益和社会效益相结合的综合园区。

（二）基本原则

本实证略。

（三）战略定位

1. 功能定位

（1）建设智能化观光农园

以高新技术为手段，以智能化技术生产蔬菜、水果、花卉，让游人参与生产、管理及收获等活动，并可欣赏、品尝、购买园区的农副产品。它又可细分为观光果园、观光菜园、观光花园（圃）、观光鱼园等。

（2）建设京津冀休闲度假园

完善休闲、旅游、度假、食宿、购物（农产品）、会议、娱乐等设施。充分挖掘人文资源和历史资源，满足游客休闲度假的各种需求。

（3）建设教育农园

在发展现代农业生产的同时，注重农业科普教育基地建设，使园内的植物类别、先进性、代表性及形态特征和造型特点等不仅能给游园者以科技、科普知识教育，而且能展示科学技术就是生产力的实景；既能获得一定的经济效益，又能陶冶人们的性情，丰富人们的业余文化生活，从而达到娱乐身心的目的。

（4）建设一流的现代农业产业园

以科技为支撑，吸引各类资金、先进技术，建设高科技设施蔬菜园、有机果品采摘园、绿色杂粮生产园及清真牛羊屠宰区。建设中，注重产业间的相互融合与产业链的延伸，使农业生产、农产品销售与园林建设有机结合，种、养、加、贸、游相结合，发挥园区“高端、高效、高辐射”的作用，建成独具特色的易县现代农业园区。

2. 产品定位

精神文化产品和物质产品达到一流水平。观光产品能让人们享受到太行自然文化和历史文化科学知识，实现精神陶冶和心情愉悦。

物化商品质量好，安全健康。作为生态农业旅游园区，游客对产品的需求以农业为主，该园区的产品定位是：注重打造精品旅游产品，塑造品牌形象，使旅游产品在质量、服务、档次等各方面均以高标准出现，产出的农牧产品均达到绿色食品或有机食品标准要求，使游客在园区购买的产品安全、优质、放心。

具体产品种类包括：有机蔬菜、绿色杂粮、绿色果品、放心清真牛羊肉及加工品。

3. 形象定位

园区基本理念形象定位为“皇陵之门，生态易州”，次级理念形象定位为“山水合一皇门、民俗文化胜地、天然休闲氧吧、科普教育基地”。

在以易水河为依托，以回满文化为内涵，以大农产业为导向，以休闲度假为主题的基础上，将现代农业概念和人文生态景观贯穿于整个园区，建设成为“京津冀首选休闲养生地”，打造易县旅游新地标。

（四）发展目标

1. 总体目标

发展目标定位为：国家级现代生态农业旅游休闲度假区，在自然环境、人文环境和心理环境三个方面均体现出舒适性、康益性和安全性，并体现现代农业的特点与风格。充分考虑地形地貌、森林植被等条件，结合现有景观要素，将景观风貌与现代生产生活融为一体，将高新科技元素应用于园区建设，建立一个结构清晰、层次丰富、富有空间立体感的现代农业景观体系，打造“点”“线”“面”结合的绿地系统，形成“景在园中，园在绿中，绿合山水”的崭新格局。

2. 具体目标

近期目标：2014—2016 年，整合资源，完善配套设施，美化环境，协调产业发展，打造京津冀市民休闲地，成为符合 3A 级标准的旅游景区。

中期目标：2017—2020 年，各项旅游项目、设施配套建设完成，生态环境良好，创建 4A 级旅游景区，通过市场推广成为京津冀地区著名休闲旅游度假胜地。区域产业结构趋向合理，山区生态旅游园初具规模。

远期目标：2020—2025 年，进一步挖掘资源内涵，完善旅游项目和配套设施，生态环境优美，产业结构、布局合理，通过特色旅游项目和著名节庆、民俗活动，将旅游开发区打造成国内外知名旅游农业景区，成为以旅游农业为导向的，融生态观光、休闲度假、现代农业、民俗物流于一体的综合性生态农业新园区。

四、总体部署

（一）总体思路

本规划针对观光休闲农业园区特点及游客休闲度假的需要，综合以产业为中心的经济规划、以生态保护优先为核心的土地利用规划、以提高农产品竞争力为核心的农业技术规划，以及以观光休闲为中心的景观旅游规划四种思路，实施山水林田湖一体化生态建设，建造西陵旅游区（西陵国家文物保护区、卧龙山自然保护区）的山清水秀东大门。

通过展示自然生态魅力、发展高新技术产业、打造生态宜游山水景观、高端纯天然有机餐饮、清真餐饮，开展多功能、亲近自然的旅游观光服务，吸引游客皇陵过客驻足、游览、食住，成为清西陵游客的必到之处。

力争在 5 年内，成为京津冀协同发展的生态休闲观光农业示范点，成为大中城市（京、津、保、石）居民避暑休闲度假首选地，成为自然景观与现代农业相融合的高标准样板。借旅游观光发展农业产业，促进设施蔬菜、特色畜牧业、杂粮种植、林果业共同发展，打造精品观光农业品牌。

（二）空间布局

建设一山一水三个中心，即卧龙岗太行观景区、易水寒流嬉戏区、高科技农业展示中心、民俗文化中心、农业文化传播中心。

山上山下相呼应，水衬山姿，山清水秀，相得益彰。山上、田间、水中均产出特色农产品，使旅游业与大农业互为因果，互相促进，形成独一无二的农业主题旅游产业园区。

1. 卧龙岗太行观景区

一山指大美青山——卧龙岗太行文化鉴赏景区。包括太行景观观赏区、大美田园观光区、山果采摘区、杂粮采摘区、山顶低碳休闲区、农事参与区。包括沿山脊营造彩色树木，构建彩色绿龙；建设 7 个北斗布局的观景亭，俯视易水寒流，仰观华盖云梦太行雄姿；建设风电和光伏电景观设施，为夜景和休闲提供低碳能源；分沟分片种植葡萄、山楂、苹果、李子、山杏、花椒等果树和向日葵（油葵）、荞麦、谷子等旱地雨养作物，形成不同的农林沟系。

2. 易水寒流嬉戏景区

一水指丰饶北易水河，碧水—易水寒流嬉戏景区，包括易水胜景区（水面区）、河畔休闲区、沿河观光区、水上乐园（划水、飞舟等）、滨河林氧吧区、水岸生态区、观鱼区、垂钓区。

3. 三个中心

（1）高科技农业展示中心

以高科技农业展示和避暑休闲度假为核心，包括设施农业、品种展示八卦源、游客休闲中心、生态餐厅、观光长廊、休闲木屋等。

（2）民俗文化中心

包括清真寺民俗区、牛羊屠宰区、清真食品（餐饮）区、肉制品及保健养生食品交易区。

（3）农业文化传播中心

包括日光温室区、春秋大棚区、露地栽培区、特色观光廊道等。种植品种包括各种特色蔬菜、水果（主要是草莓）、花卉等。

（三）实施方法与步骤

1. 实施方法

一是充分利用国家支农政策，争取各行各口的项目，依靠政策资金作为最初项目的驱动轮。主要包括农业高新技术支持项目（设施农业建设）、水利项目（河流整治）、林业生态项目（荒山绿化）、民族政策项目（寺院建设）、产业项目（屠宰与食品加工）、新农村建设项目等。

二是项目建成后，依靠科学的规划与规范的管理，使各个项目尽快进入取得盈利，自行运转。统一管理，加强监督，高效运行，实现良性发展。

2. 实施步骤

一是长期规划，分步实施，滚动发展。

二是山水林田湖统筹，先易后难。

三是优先发展农业规模化经营。按照统包统建、返租承包、大园区小业主的模式经营，带动农民就业和致富。

四是基础建设先行，修路、分区、筑堤修坝、绿化荒山。

五、园区主要建设任务

按照山、水、田三区（卧龙岗山地区、北易水湿地区、川地农业种植区）统筹协同的总体构想，实施五项青山绿水整治建设工程。

（一）高新农业技术示范与生态农业观光工程

1. 基本情况

园区现有耕地面积500多亩，村东河畔为河流冲积砂壤土，村西岗地为沙砾质褐土。

2. 建设目标

通过土地流转，实现园区（村东部）耕地的集中规模化种植。通过农田基本建设，提升农业生产条件，包括设施栽培、节水设备、田间道路、土地整理、农业机械化等，建成生态农业型现代农业示范区。

同时，按照旅游农业观光要求，丰富休闲农业内涵，向服务型旅游农业转型升级。为便于登山观景和路经车辆观光，采用园艺化分区和艺术化配置。

3. 建设内容

系统展示低碳农业、生态农业模式，生产优质安全食品。

通过土地流转机制，建设设施栽培和观光型农业，实施统建分包、合作入股等经营模式，调动各方面的活力。

推广特色作物、良种和山地小型农机，推广节水、节能、无污染精准农业技术。

沿农业展示小区的分割路线设置观光廊道，种植葡萄、白山药、藤三七、瓜类等攀缘植物，以及篱壁型观光植物（包括葡萄、月季、枣树等）。

弘扬“百全”含义，以黄或红等艳色植物组成观光图案，彰显公路乘车或山顶观光时的景观效果。

以保健食品作物和优良品种资源展示为目的，建设品种源八卦。

为减少污染，观光区交通采用无污染电动观光车。

发展秸秆等农作物废弃物的资源化（能源化、饲料化、肥料化）利用，实现农业废弃物循环利用零排放，保持环境美好，发展绿色食品、有机食品。

4. 建设概要

科学分区（示意图见图 3-10），适应现代农业和观光型农业的需要，并兼顾农户自需和承包经营，把园区耕地分为 3 个部分。

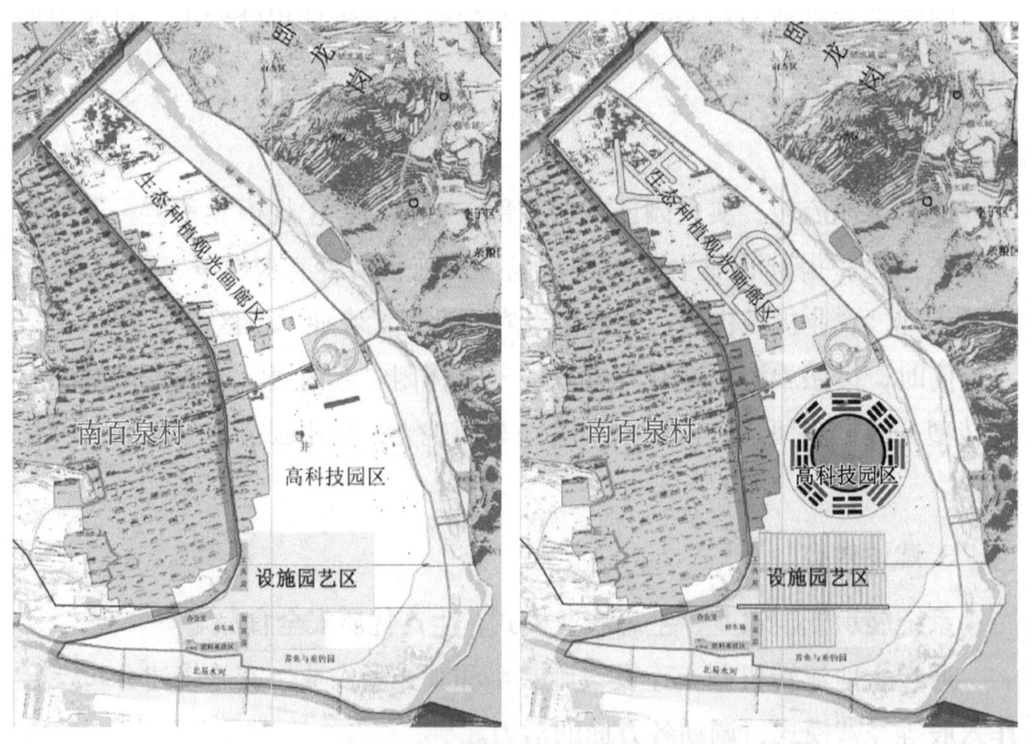

图 3-10　百全卧龙生态园区规划分区及设计示意图

第一部分在南半部，建设设施农业区，包括冷棚、联栋温室大棚，以及育苗工厂等配套设施。面积 98.8 亩。

第二部分在中部，建设精准农业示范区，配合观光，将观光路（如太极八卦或迷魂阵线路）的环形道路切割成若干小区，分小区布设品种和精准农业技术展示区。面积 123.7 亩。

第三部分在北部，建立观光休闲和农业文化传播区，以“百全”字形图案进行地块分区切割。路边种植各种彩色植物，路廊道用藤本瓜果棚架装饰。面积 183.8 亩。种植经营可以和农户自留菜地相结合，或者游客领养托管。

（二）北易水生态安全整治工程

拦排蓄滞结合，建设秀美易水，营造观光水面，实现生态安全与农业利用、观光旅游相结合。

1. 基本情况

易水也称易河，位于河北省易县境内，分南易水、中易水、北易水。与 G112 国道交互东行，环绕清西陵、荆轲塔景区，穿过易县城西汇入中易水。易水不仅关系到沿岸 30 万人的防洪安全，还是景区和县城的唯一径流水资源。故而，北易水被称为易县的母亲河、生命河、景观河，承载着防洪、生产、生活、生态用水的功能。

北易水陵区和县城部分河段已经于 2009 年进行了整治，使断流多年的千古易水重现生机，呈现了“城中有河、河中有景、岸上有绿、夜有霓虹”的新景象。而陵区至易县城的北易水却因多年干旱，河床裸露，杂草丛生，一度形似“龙须沟”，急需按照“人文和谐、景观优美、生态良好、文化浓郁”的治理理念，对昔日的北易水河进行综合治理。

北易水河绕南百泉村流过，在园区内河长 2 600 米，平均宽度 100 米，占地总面积约 345 亩。上端（半壁店桥下）河床高程 84 米，出口（G112 桥下）76 米，河底坡度比较缓。与滨河农田地面的相对高差 2 ～ 3 米。全部园区耕地都在河曲淤积凸面，为耕地提供了丰富的水资源，也有潜在洪水危害的风险。

2. 建设目标

固堤护滩防洪保安全。

蓄水滞水补潜，保证农业、农村生产生活水资源。

充分利用河川湿地环境，发挥河流的旅游休闲功能和观光游乐功能。

3. 建设内容

河道整治，建设左岸护村护田大坝。

建设 6 ～ 7 级滞蓄水截流坝，形成稳定的蓄滞水生态水面。

营造护滩氧吧林，提高滨河林地的防洪能力和休闲保健价值。

分选滩地卵石沙砾，建设休闲观光沙滩与砾石堆。

利用沿河湿地野草资源，发展自然放牧型牛马驴羊观光养殖业。

利用分洪区，建立鱼鸭养殖和休闲垂钓园。

（三）民族和睦工程（图 3–11）

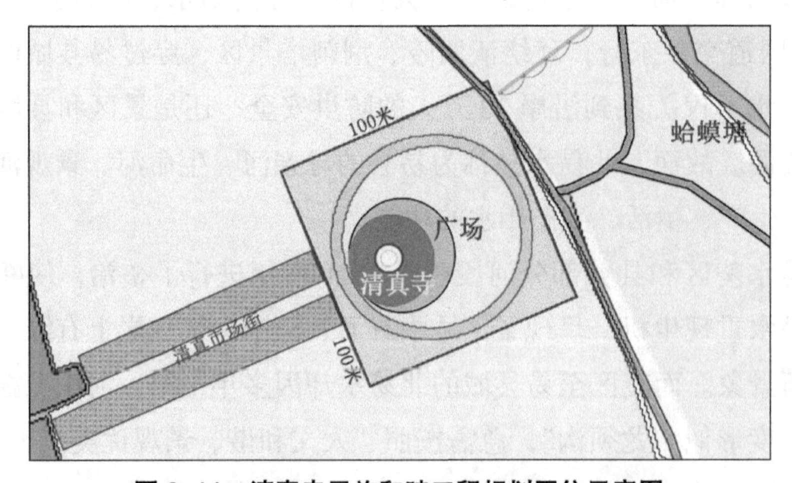

图 3–11　清真寺民族和睦工程规划区位示意图

建设有影响力的清真礼拜寺，弘扬民族传统，建设民族和睦的新农村。以清真为特色，建设养生保健食品交易市场。

1. 基本情况

本村是少数民族聚集村，回族占 70%，宗教信仰和民族传统意识强盛。南百泉清真寺对周边有较强的影响度。牛羊屠宰是南百泉的传统加工和商贸业，年屠宰牛 2 500 ～ 3 000 头、羊 1.8 万只，是有影响力的清真食品生产基地。该地也是满族聚集区，传统的满族食品享誉度也很高。

2. 建设目标

扩建南百泉清真寺，建设成为有一定规模和影响力的清真寺礼拜场所。同时，形成民族和睦氛围，提升观光人脉。发展牛羊肉深加工，提高清真养生保健食品聚散能力，打造新兴深加工产业，传承回、满餐饮业。

3. 建设内容

扩建清真寺及广场，建成带特色、有观瞻知名度的民族寺院。

发展牛羊肉深加工，形成安全、放心食品生产基地和交易市场。

改造提升牛、羊、马、驴养殖或暂养设施，建设草食畜牧业的高标准样板和自然放牧观光区。

发展放牛、牧马、骑驴等观光项目，倡导太行风情。

建设民族风情和民族和睦的民俗文化展览馆。

（四）彩色卧龙绿化美化工程

针对百全山（卧龙岗）位于清皇西陵（卧龙山自然保护区）东大门的区位，建设彩色生物卧龙，利用退耕地发展经济林，树立太行山低山生态经济和谐发展的绿化样板。

1. 基本情况

卧龙岗山地面积约 2 540 亩，除部分退耕梯田地（336 亩）外，多为板岩上发育的薄层褐土或褐土状土。植被以荆条、酸枣、荛花、白草、黄背草为主。植物生长的自然条件较差。

2. 建设目标

卧龙岗是西陵旅游区的东大门，是西陵观光客第一印象地带。本着有景、有意，形景观感与科学内涵并重的原则，取卧龙山自然保护区东大门的含义，利用彩色绿化技术，建成彩色龙形绿化带，并融入现代科技要素和园林小品，使游客沿 G112 路西行东往时，引发太行雄伟壮丽的感念，激发登山细品太行雄姿的意向。登山观景，俯视“百全”美景，眺望易水寒流，仰观华盖烟岚，尽览西陵八景之雄伟壮观。

3. 建设内容

沿卧龙岗山脊线，选峰巅建亭台、筑彩龙，形成昼夜景观带。

彩色绿化带沿山脊线随形就势，组成生物彩龙。

利用退耕梯田，种植百果园。

完善提水节水灌溉工程。

设置太行科技展示教育长廊，展现太行生态、西陵美景、易水砚台、山地植被等。

修建堑槽型道路，利于集雨和绿化带的种植。

在西山麓临河选址，建设休闲观光设施（栈桥、亭、榭、楼、台）。

（五）特色农产品创新工程

包括特色种植业产品、养殖业产品和满回特色民族食品。

1. 基本情况

本地回族、满族人数众多，牛羊屠宰是传统行业。本地农林特产也较丰富，例如有豆类、小米、荞麦、芝麻等，并有较广大的可辐射带动的后援区。

2. 建设目标

依托回民村和教堂优势，提升牛羊肉加工能力和市场聚散能力；选址建立特产展示交易市场，依托旅游的人脉，建成易县土特产集散地。

3. 建设内容

建设土特产种植示范区和科普体验区。

提升牛羊肉深加工水平，创安全放心品牌。

招商引资，建立特色农产品旅游与交易市场。

建设易县特产（如易水砚）生产过程体验馆。

发展、创新清真与满族风味食品和餐饮业，带动农家院旅游。

六、优先建设重点项目

（一）高新农业技术示范与生态农业观光工程重点项目

1. 设施栽培区建设项目（图 3-12）

图 3-12　设施栽培区项目规划示意图

项目位于农业区南部。面积为 98 亩。

（1）以农业开发项目为依托，建设蔬菜设施栽培区。建冷棚型塑料大棚 20 个，单棚长 60 米、宽 9 米，南北向；建联栋大棚一座（15 间）。（已经开工建设，以专项设计为准）

（2）配建道路、管道灌溉设备。

（3）建设育苗工厂、工具房、肥料调配车间等现代设施，为本园区设施提供工业化的投入品，并带动周边地区蔬菜生产。以人工基质、营养钵等工厂化培育大苗，缩短生产地苗期，降低成本，提高效益。

（4）设施栽培区实行统建分包模式。统一规划、统一建设、分户经营，降低管理成本，提高种植者的积极性。

2. 精准农业展示项目

建立精准农业试验示范展示区。面积123亩。试验小区按品种和技术展示与观光的要求，采用八卦图或迷魂阵图布局切割。道路边用彩色观光植物饰。

分区布设特色作物、良种以及节水、节能、无污染精准农业技术展示。实现灌溉管道化、施肥精准化、病虫害防治无害化（如声、光、电防治技术）、作业农机化，推广山地小型农机。

展示区基础设施由法人统一规划、统一建设。土地管理采用合作入股或返租承包的方式，家庭承包经营为主。

3. 观光与采摘农业区项目

在清真寺以北的农业区建设观光采摘与农业文化传播区。面积183.8亩。

以“百全”汉字为主干，进行分区，凸显以黄或红等艳色植物组成的“百全”观光图案，以便利用临路、临山的区位优势，弘扬“百全”含义，彰显公路乘车或山顶观光的景观效果。

观光采摘区种植作物以体现太行特色为主，百花齐放，体现多样性。例如，五谷六豆、山花药材等。

沿小区切割线路种植葡萄、白山药、藤三七、瓜类等攀缘植物，以及篱壁型观光植物，组成观光艺术画廊。

园区统一规划、集中建设，分户承包经营。包括采用土地入股合作制、自留地家庭责任制等经营模式，激发各方面的活力。

为了保持园区环境，减少污染，便利游客观光和采摘，园区道路按电动观光车的标准设计，配置观光电动车。

4. 休闲与餐饮服务项目

在园区南部僻静处，临河建设休闲与餐饮服务区。占地面积46亩。餐饮区紧邻设施栽培区和垂钓区，便于就地采摘鲜活特色餐饮食品。

餐饮区建筑另做专项设计。

开发特色餐饮产品。利用本地特色、无公害产品，提供最佳餐饮服务。例如，牛羊肉清真食品、无公害蔬菜产品、杂粮产品、淡水（或冷水）鱼虾、鸡鸭产品。

5. 生物质能源利用与农村垃圾处理项目

结合新农村建设，对生活垃圾和废水进行净化处理，发展秸秆等农作物、农民生活废弃物的资源化（能源化、饲料化、肥料化），实现循环利用，零排放，保持环境美好。

净化处理厂选址在村南和村北各一处。修建沼气池、污水净化池，有机肥料加工场。

利用生活垃圾、作物秸秆转化的有机肥，发展绿色食品、有机食品。

利用转化的沼气作为农村和观光区服务的能源。

（二）北易水生态安全整治工程优先建设项目

1. 易水河防洪堤项目

构筑北易水左岸大堤，长 2 600 米。防洪设计高度为河床高程 +3 米（高出河床 3 米，高出耕地地面 1 米）。修观光路。结合大堤建筑，修建环园区观光道路，长 2 600 米，路宽 4 米。具体另由水利部门做专项设计。

2. 修建蓄水滞水造景坝

为提高易水河河槽蓄滞水能力，在河床建立 6 道蓄滞水水坝。形成滞水观光水面（约 10.7 万平方米）及水瀑，可开辟为嬉水、划艇、滑冰（冬）等亲水游览区。

坝体采用可拆卸型拱形钢板坝。坝基高度与河床侵蚀基准面平。坝基上可拆卸闸板高度 0.8 ～ 1 米，弧形面向来水方向。

蓄滞水坝的管理。一般水流情况下，蓄小水成库；采用溢流泄水方式，形成观光小瀑布。可以观光游乐，可以养鸭、引水鸟以观赏。洪水时，按泄洪流量摘取适当数量的闸板，增加排泄量。随洪流增加，把闸板全部拆除，以保证行洪安全。蓄滞水景观面夏天游乐、观赏，冬季可以滑冰、滑雪（人造雪）。参考北京市白河—汤河—琉璃庙河治理经验。

3. 滨河氧吧林项目

利用常水位线以上的滨河滩地，建立 5 ～ 6 片沿河护滩林，形成湿地保护林带，建成观光休闲的天然氧吧。氧吧林的面积估计可以达到 79 亩，占河流湿地面积的 22.9%。

易水河畔是北方相对适宜杨树生长的地方。氧吧林以杨树为主，配置适量的柳树（垂柳、杞柳等）和枫杨等。沿堤岸边可以配置花灌木，提高观赏度。

护滩林配置要注意采用利于行洪的结构（雁翅形造林）。

4. 人造沙滩

河道整治过程中，进行卵石和河沙的分选。卵石筑堤，细沙用于建设天然沙滩；在宽滩处，建设 10 ～ 20 亩沙滩，提高园区的休闲保健功能。

5. 滩地放牧区

转变牛、羊、马、驴忽视放牧的偏见，发展堤坡、滩地以及林下的鸡、鸭、鹅、牛、羊自然放牧，建立三处养殖放牧场。特别是结合奶牛场，保留部分堤岸作为牛的运动场。

科学利用自然生物资源，发挥动物的生态功能，消灭杂草，减少地被植物群落的维护用工，保护湿地的天然秀美景观。

散养鸡、放牧鸭也是生态循环经济的重要方式。

6. 滨河观光亲水项目

沿卧龙岗山的西麓，临河选址，建设休闲观光设施（栈桥、亭、榭、楼、台），以利于亲水游乐。

划艇区。夏季可以开展划艇、划船等活动。

冬季滑冰区。利用水面，开展冬季冰上运动。

7. 垂钓园项目

利用北易水缓洪区，配合分洪，建立自流式分洪兼顾钓鱼的钓鱼区。面积 8.2 亩，占河流湿地的 2.9%。

垂钓池采用土工膜防渗。

（三）民族和睦工程建设优先项目

1. 扩建清真寺（连同广场）

广场占地面积 15 亩（100 米 ×100 米），广场为方形、洁净式、四角设角楼。

礼拜寺建筑面积 2 000 平方米（40 米 ×50 米），包括沐浴室、管理室、礼拜堂等。依从各地的清真寺范例，采用西式清真寺与中式清真寺结合的模式。

聘请专业设计单位，设计成带特色、有观瞻度的寺院。

搬迁有碍观瞻的建筑。

2. 牛羊屠宰与肉食精加工项目

利用回民聚居和严格的屠宰信仰，发展牛羊肉深加工，提升市场价值，形成安全食品、放心食品的生产基地。

在适当地址，招商建立 2 ～ 3 个清真食品精加工厂。发展清真旅游食品。利用民俗节日和京津游客，形成太行特色产品和清真、满汉食品的集散地。

3. 发展牛羊养殖园

园区内的养殖畜牧业不发达，成规模的牛羊养殖场有 2 ～ 3 个。

提升牛、羊、马、驴养殖设施，建设草食和自然放牧畜牧业的高标准样板区。把牛羊养殖成为畜牧业参观体验和品尝鲜奶的基地。采用生态发酵床技术以及沼气和有机肥技术，根除畜牧业对环境的污染。

养殖观光。发展骑牛、骑马、骑驴观光项目，倡导太行风情。牛、驴是传统的民俗动力，小放牛、张果老骑驴等模式是城市市民旅游观光喜闻乐见的形式。

4. 建民俗文化馆

建设民族风情、和睦发展的展览馆，宣传民族知识。在清真寺建设区内，择址建民俗馆，传播回、满、汉等各民族优秀民俗文化。

（四）彩色卧龙绿化美化工程建设优先项目

1. 山地景观带建设

沿卧龙岗山脊线，在峰巅处建 7 座观光景观亭，呈北斗七星式配置。采用多样化造型。亭台之间，以观光道路连接。观光路因地制宜，天然基石路与人工水泥路结合。

2. 风光电项目

卧龙岗处于平原与西陵盆地—奇峰岭—云蒙山的风力学通道，岗上风力较大。低山阳坡，适合发展光伏电。风力发电和光伏膜发电配合，可以为灯光夜景创造条件。

沿山脊线配置 10 ～ 15 个风力发电装置，在山坡配置 1 兆瓦光伏发电。形成山脊白天看风车、亭台，夜间看灯光的景观带。

3. 山脊线彩色绿化带项目

沿山脊线随形就势建设宽 50 ～ 100 米的彩色绿化带。

利用金叶榆、金合欢、火炬树、黄栌等树种，组成生物彩龙。以黄色树种组成黄色彩带（黄色亮丽，视觉远），配合野生荛花、酸枣、荆条的麟斑块。

山顶绿化配合山脊路修建。在板岩山地，路面采用堑槽型，把路基岩石上的风化体清理成堑槽状，碎渣堆倒两边成堤状，加厚绿化带的土层，提高蓄水和径流入渗能力。

4. 种植百果园项目

山地退耕梯田地 336.2 亩，除少量李子、桃外，退耕后，还没有完全绿化。按照河北省退耕还林经验，为了发挥其生态绿化与经济生产功能，发展杏、桃、李、蓝莓、无花果、梅、柿子、枣（如本地特产铃枣）等果树。

与观光旅游结合，发展多种果树模式，成为绿色彩龙的采摘观光板块。

结合果树管理，可以在田间地头建设生产房和警卫房，兼做休闲、观光使用。

5. 完善提水灌溉工程项目

目前山顶有两个高扬程蓄水池，但灌溉管道不完善。全面经营好山地，需要增加 4 个山顶蓄水池，在主蓄水池的基础上，可以形成长藤结瓜式的灌溉体系。连接管道长度约 1 200 米。同时，在果园建立自压滴灌管道系统。

6. 太行山知识科技展示项目

建设科普教育基地和太行山科技展示教育长廊，沿山脊和观光亭子，设置科学展示牌，展现卧龙山生态、西陵地形与八景、易水砚台、山地植被等，宣传科技知识，使游客在观光欣赏太行雄姿的同时，提升科学素养。

（五）特色产业发展工程建设优先项目

1. 特色产品项目

利用生态种植园区和山地果园，建设柿子、蘑菇、李子、铃枣等土特产种植示范区和科普体验区；引进种植养生保健的无花果、藜麦等。充分发挥梯田小块田的特长，增加农林牧的多样性。

2. 清真牛羊肉深加工项目

发挥回族屠宰信誉优势，提升牛羊肉深加工技术，形成便携特色食品、放心食品。招商引资，建设 2 ～ 3 个牛羊肉精加工企业，创新产品和品牌。

3. 特色农产品旅游市场

招商引资，建立农产品和易县—西陵特色产品交易市场。备选地址选择有两个：沿园区和村庄之间，建设商业街；通向清真寺的道路。如果村庄内有条件，也可以在村内或沿 G112 公路设置。

4. 建设易县特产生产体验馆

例如，易水砚、蚕桑丝织、彩陶制作等。易水砚、彩陶是传统名产，手工制作。可建体验馆，促进产业发展。桑蚕在易县有悠久的历史，河北省蚕种场就在易县。重现种桑养蚕是重要的中华文化挖掘观光项目。

5. 发展特色民族风味餐饮

弘扬满族鹿尾儿等餐饮业、清真餐饮，创新“百全”牌风味食品。并带动农家院旅游。

以上优先项目，概算总投资 4 700 万元。

七、投资与效益估算

本实证略。

八、保障措施

本实证略。

实证六 保定市满城区现代农业园区发展规划（2016—2025年）

一、概 述

本实证略。

二、规划背景与依据

（一）规划背景

2014年，习近平总书记提出了中国经济发展“新常态”的概念。同年12月，中央经济工作会议系统分析了新常态的特征，提出“努力保持经济稳定增长”“积极发现培育新增长点”“加快转变农业发展方式”“优化经济发展空间格局”“加强保障和改善民生”五大任务，并提出促进新型工业化、信息化、城镇化、农业现代化（“新四化”）同步发展的目标。2015年4月，《京津冀协同发展规划纲要》出台，明确了京津冀定位，为河北京畿地区经济发展开拓了新空间，迎来了新机遇。2015年10月，党的十八届五中全会通过的《中共中央关于制定国民经济和社会发展第十三个五年规划的建议》，提出“创新、协调、绿色、开放、共享”的发展新理念，并指出：发展特色县域经济，加快培育中小城市和特色小城镇，促进农产品精深加工和农村服务业发展，拓展农民增收渠道，完善农民收入增长支持政策体系，增强农村发展内生动力。2015年底的农村工作会议明确提出，推进农业供给侧结构性改革，加快转变农业发展方式，保持农业稳定发展和农民持续增收，走产出高效、产品安全、资源节约、环境友好的农业现代化道路。

为落实上述国家重大战略部署，河北省以现代农业园区为抓手，促进创新驱动，推进农业现代化进程。《中共河北省委办公厅 河北省人民政府办公厅关于加快现代农业园区发展的意见》提出，按照“生产要素集聚、科技装备先进、管理体制科学、经营机制完善、带动效应明显”的总要求，坚持产出高效、产品安全、资源节约、环境友好的现代农业发展方向，以环京津地区为重点，高起点谋划、高科技引领、高标准建设，打造一批万亩以上的一二三产融合、产加销游一体、产业链条完整的现代农业园区，使之成为全省现代农业发展要素的聚集区、先进技术的示范区、深化改革的先行区、产业融合的试验区，在全省农业现代化进程中发挥示范引领作用。

保定市制定了《现代农业园区建设工作实施方案》，将满城区万亩草莓现代农业示范园、满城区万亩葡萄现代农业示范园列入重点建设园区。满城区委、区政府研究决定，对上述两个园区统筹规划，建设满城区高标准现代农业园区。坚持产出高效、特色突出、产品安全、资源节约、环境友好的现代农业发展方向，通过 10 年的建设和发展，力争把园区建设成为“科技先进、特色明显、产业融合、要素集聚、绿色生态”的现代农业示范样板。为使园区发展目标明确、重点突出、功能整合、协同推进，特编制本规划。

（二）规划编制依据

本实证略。

（三）规划范围与期限

1. 规划范围

河北省保定市满城区现代农业园区位于省道 S332 南，包括南韩村、于家庄和方顺桥 3 个乡镇，3 个乡镇共涉及 26 个村。

2. 规划期限

规划期限为 2016—2025 年。

建设成型期：2016—2017年。

快速发展期：2018—2020年。

完善提升期：2021—2025年。

三、园区概况

（一）区　位

1. 满城区区位

满城县2015年被纳入保定市城区，改名为满城区。项目规划期的全区土地总面积629.6平方公里。2014年末总人口39.5万人，乡村人口33.59万人。辖5个镇6个乡（满城镇、大册营镇、神星镇、南韩村镇、方顺桥镇、于家庄乡、要庄乡、白龙乡、石井乡、坨南乡、刘家台乡）。

满城区形似美丽的舞者，白龙乡为舞者头部，西北2乡似右臂及舒展的长袖，东部为左臂，融于大保定经济圈中，南部3乡镇为舞者足部，是满城区发展的重要支撑。

2. 现代农业园区区位

依据满城区地形地貌及农业发展现状，分为三个功能区即西北部山地旅游农业区、中东部都市农业区和南部粮经作物区。

现代农业园区位于满城区的最南端，属于南部粮经作物区。北面与满城镇相邻，西面与顺平县相邻，东面及东南面与保定市竞秀区、莲池区相邻，南面与清苑区相邻。3乡镇总面积145.9平方公里，占全区的23.2%；人口10.4万人，占全区总人口的26.3%。农林牧渔业总产值之和占全区的32.7%。

（二）规划面积

规划园区内包括26个村，占3个乡镇的48.1%；总面积114.2平方公里，占3乡镇总面积的78.27%。其中，农业用地面积13.25万亩，占3乡镇面积的60.54%。

园区（表 3-3）分为核心区、示范区、辐射区三个层次。草莓核心区 706.3 公顷，示范区 4 114.1 公顷，辐射区 2 756.8 公顷；葡萄核心区 139.6 公顷，示范区 2 240.1 公顷。

表 3-3　满城现代农业园区

<table>
<tr><th colspan="2">分区名称</th><th>面积（公顷）</th><th>占比（%）</th></tr>
<tr><td rowspan="2">葡萄园区</td><td>南韩村示范区</td><td>1 964.5</td><td>22.23</td></tr>
<tr><td>其中：核心区</td><td>139.6</td><td>—</td></tr>
<tr><td rowspan="6">草莓园区</td><td>南韩村草莓示范区</td><td>1 300.7</td><td>14.72</td></tr>
<tr><td>其中：核心区</td><td>255.6</td><td>—</td></tr>
<tr><td>于家庄草莓示范区</td><td>1 323.1</td><td>14.97</td></tr>
<tr><td>其中：核心区</td><td>276.7</td><td>—</td></tr>
<tr><td>方顺桥草莓示范区</td><td>1 490.3</td><td>16.87</td></tr>
<tr><td>其中：核心区</td><td>174.0</td><td>—</td></tr>
<tr><td colspan="2">草莓辐射区</td><td>2 756.8</td><td>31.20</td></tr>
<tr><td colspan="2">示范区（含核心区）与辐射区合计</td><td>8 835.3</td><td>100.00</td></tr>
</table>

（三）自然资源与人文历史

满城区地处北纬 38°43′20″ ～ 39°07′00″、东经 114°43′20″ ～ 115°32′00″。园区为山前洪积平原，海拔 29 ～ 50 米。

1. 气候资源

年平均气温为 12.6℃。最热月 7 月 26.5℃，极端最高气温为 42.2℃；最冷月 1 月为 -3.7℃，极端最低气温 -23.4℃。平均无霜期 190 天。全年蒸发量平均为 1 977.9 毫米，约为年降水量的 3.7 倍。多年平均降水量 569.2 毫米。

2. 水资源

满城区境内有漕河、界河、龙泉河、百草河四条河流及龙门、马连川两座水库，“一亩泉”地下水脉水质优良，是保定市工业和生活用水的主要水源区。漕河多年平均入境年径流量 9 004 万立方米。界河多年平均入境年径流量 1 144 万立方米。南水北调总干渠穿过县境北部。

3. 耕地资源

本实证略。

4. 历史人文与景点

满城是一个有着 2 000 多年历史的古城，曾孕育过首倡“招贤文化”而致燕国中兴的郭隗，彪炳文学界、史学界的北魏散文大家杨衒之等众多历史文化名人。人文资源积淀深厚，旅游景点众多。

（1）满城汉墓

满城汉墓位于满城区陵山，是西汉中山靖王刘胜及其妻窦绾的葬墓，是中国目前保存最完整、规模最大的山洞宫殿，出土过“金缕玉衣”“长信宫灯”“错金铜博山炉”等稀世珍宝。

（2）保定龙潭峡谷

龙潭峡谷风景区位于满城镇北 20 公里处，包括龙门湖和龙潭峡谷两大景观。

龙门湖（龙门水库）位于海河流域大清河水系漕河中游，是一座以防洪为主的水利工程。属大型水库，有主坝一座，副坝四座，总库容 1.286 亿立方米，水面面积 10 平方公里。它宛如一颗璀璨的明珠，镶嵌在群山之间，湖区云雾缭绕，水天一色，波光潋滟，悠之自怡，湖光山色遥相辉映，美不胜收。

龙潭峡谷全长 4 公里，自龙门湖东南侧蜿蜒向南，最宽处 200 米，最窄处仅 8 米，最深处 30 米。峡谷两岸石壁陡峭，怪石嶙峋，高处瀑布跌落，悬珠挂翠绿；近似桂林“喀斯特”地貌，堪称“北方小桂林”。

（3）木兰溶洞

木兰溶洞位于满城区城西北 25 公里处的西赵庄村，深掩在山清水秀的木兰峪的幽僻之处，周围群山环抱，景色秀丽，气候宜人，洞内地质景观独特神奇，高低宽窄变化无穷。

（4）抱阳山

抱阳山景区位于满城区城西 3 公里处，属太行山东麓余脉，有山峰 10

余座，北峰为主峰，海拔316米，因南山谷内草木葱郁，花香四溢，又名“花阳山”，为省级风景名胜区。抱阳山山势雄伟，景色绮丽，名胜古迹繁多，寺院遗迹遍布，仅保留下来的墨石碑刻就有20多种，形成了以佛教为主的抱阳山文化。

（5）曹仙洞

曹仙洞位于满城区满城镇西25公里的山坳里，从南北朝时期就为道教圣地，是传说中八仙过海中末仙曹国舅升仙的地方。曹仙洞南北长350米，东西最宽30米，最高处8米，洞内冬暖夏凉。洞内景观众多，如“玉柱”“猪仙”“龙冒石碑”“仙人戏名”“小天河”“地龙”等。

（6）神星柿子沟

神星柿子沟位于满城镇西北15公里处的神星镇境内，面积约30平方公里，全长18公里，种植柿树16万余株，年产磨盘柿1.5万吨，是满城区磨盘柿主产区。生产的磨盘柿以“个大、汁浓、味美”享誉海内外，因此被命名为“中国磨盘柿之乡”。神星柿子沟内群山环抱，空气清新，自然生态环境保持良好。春季山花烂漫，生机盎然；夏季柿林如海，凉爽宜人；秋季万山红遍，果实累累；冬季银装素裹，柿树负晶。千年柿树王、百年柿林等景观难得一见。

（四）SWOT 分析

1. 优　势

（1）自然资源优势

园区位于太行山东麓，昼夜温差大，无霜期长达190天，水资源丰富，光照充足，雨量充沛，四季分明。有山川、丘陵、平原等地貌，土地肥沃，适宜农林牧渔各业生产；生态环境和丰富浓郁的自然、人文景观，为该区发展现代农业提供了多姿多彩的自然资源。

（2）区位与市场优势

园区与保定市区接壤，行政区域中心距保定市17.4公里，地处京津冀协同发展的腹地。距离京、津均为150公里左右，距石家庄120公里。具有承北启南的战略区位优势，是承接首都北京产业转移的重要节点，具有向两翼腹地延伸辐射的区位优势。京津冀1亿多人口的大市场，为满城区发展现代农业提供了巨大的市场空间。

（3）旅游资源优势

旅游资源类型多样，适宜发展休闲旅游产业。区内有满城汉墓、抱阳山等历史文化旅游资源；龙潭峡谷风景区、木兰溶洞等生态旅游资源；神星柿子沟、龙门山庄、百果山等绿色果园休闲旅游农业资源。旅游资源丰富，布局集中，颇具开发潜力。

（4）交通优势

随着京津冀交通一体化战略实施，满城区已成为通往京津石的廊道之一。位于京津冀1小时经济圈内，即“1小时”之内可“北上首都，南下省会，西插内陆，东至港口”。交通非常便利，京昆、张石、荣乌高速公路、107国道穿域而过并设有出入口，距京珠、保沧、保津高速公路，以及京广铁路、京石高铁都在20公里以内，构筑了满城区发展现代农业发达的交通网络。

（5）人才和科技资源优势

保定市有国家重点大学华北电力大学、河北省和教育部共建综合性大学河北大学、河北省和农业部共建的百年老校河北农业大学等12所高等院校，有高职高专院校和科研院所近百家。满城区及周边地区传统特色农业发展基础较好，农业技能型人力资源充足，人才资源专业结构、层级结构合理。与省内外多家农业科研单位建立密切合作关系，具有丰富的农业科技与信息资源。

（6）产业基础优势

草莓是本区的特色与农业支柱产业，以种植面积大、产量高著称。获得“中国草莓之乡”“河北十大农业特产”“全国优质草莓生产基地县”等称号，全区建有10个草莓科技示范园区，其中3个为无公害草莓生产基地，有部级标准园3个，省级产业园1个，省级、市级示范合作社4个。草莓栽培形式多样化，有露地、地膜、拱棚、温室等多种种植形式，实现了多季节市场鲜果供应。除满足区内草莓种植需要，还为全国其他草莓产区提供种苗近千万株，产业优势十分明显。葡萄产业发展迅速，规模不断扩大，质量和效益逐年上升，发展潜力巨大。

2. 劣　势

（1）农业基础设施薄弱

农业弱质产业地位没有得到根本改变，现代农业发展进程明显滞后于工业化、城市化水平。基础设施、产业结构、生产水平、物质装备、科技贡献、农民组织化和知识化程度等与现代农业的发展要求存在差距。

（2）农业产业化经营发展不快

龙头企业数量少、规模小、科技含量低、辐射带动能力不强，缺乏具有较强市场竞争能力的大型龙头企业和知名产品品牌，产业化经营的组织链接、运行机制亟待改革和完善。

（3）农产品市场体系建设滞后

市场环境条件差、标准低，设施设备落后，农产品检疫检测手段和体系不完善，产品质量、标准和安全性难以保障。特别是市场信息化水平较低，绝大部分市场尚没有建立起以计算机技术和网络技术为主的网络通信设施、电子交易平台、大型电子信息显示屏等市场信息系统。

（4）农业科技支撑乏力

研究与开发能力需要提升，设施农业重茬、倒茬、病虫草害防治等有效技术亟待突破，良种、良法生产及其适应自然条件的配套生产技术体系不成熟，生产潜能和发展后劲不足，影响了现代农业发展水平和国内外市场竞争能力的提高。

3. 机　遇

（1）国家发展战略机遇

农业现代化战略机遇。国家“新型工业化、信息化、城镇化、农业现代化”（新四化）战略为现代农业园区建设创造了宏观政策环境。国家、省、市为实现农业现代化出台了一系列文件，明确了发展目标并做出具体部署。河北省把现代农业园区建设作为推进农业现代化的重要抓手，为发展现代农业提供了良好的发展环境。

京津冀协同发展战略机遇。京津冀协同发展战略为河北带来新机遇，更是京畿近邻保定的发展机遇。河北省现代农业面临着难得的机遇和更大的责任，必须通过发展现代农业，保证京津农产品持续供给，保证农产品安全可靠，保证生态环境逐年优化，保证休闲旅游资源日益丰富，充分发挥现代农业在京津冀协同发展中的综合效应。

（2）政府政策扶持机遇

2010 年，农业部出台《关于创建国家现代农业示范区的意见》。同年，河北省科技厅出台《河北省农业科技园区管理办法》，2012 年，河北省财政厅出台《关于创建现代农业综合开发示范区的实施意见》。2015 年，河北省委、省政府发布了《关于加快现代农业园区发展的意见》，以环京津地区为重点，到 2017 年全省认定 100 个万亩以上的省级现代农业园区，促进全省现代农业发展。满城区委、区政府制定了一系列扶持和优惠政策，为园区的建立和发展提供了行之有效的具体政策支撑。

习近平总书记提出了“供给侧结构性改革”概念：在适度扩大总需求的同时，着力加强供给侧结构性改革，着力提高供给体系质量和效率，增强经济持续增长动力。优质农产品供给、城乡居民休闲消费场所的供给、广阔乡野美丽休闲环境的供给，都将得到国家政策扶持与支持。

（3）城乡居民消费需求机遇

随着我国经济发展水平提高，城乡居民消费趋势正在发生变化。饮食消费方面由温饱型消费向健康型消费转变，追求安全食品、绿色无公害食品消费成为主流消费方式；旅游消费目的地由向往大城市和名胜古迹型向回归自然型、生态型、休闲型转变；教育消费也更加关注回归自然，参加体验、增长见识。现代农业园区可以同时满足上述三种消费需求，客观上促进现代农业园区快速发展。

4. 挑　战

（1）资源约束

随着人口的增长，农业资源因工业化、城市化发展而受到刚性约束；园区非农用地需求旺盛，耕地资源稀缺，没有后备资源补充。水资源也是制约现代农业发展的重要瓶颈之一。

（2）效益制约

农业生产成本快速攀升，生产收益下降。在农产品生产投入增量中，直接生产成本上升是推动农业生产总成本上升的主要因素。种子、化肥、农药、农膜、机械作业、排灌、土地租金、劳动力等成本占总成本 80% 以上，农业的投入产出比对于建设现代农业园区是一个严峻的挑战。

（3）生态环境制约

由于不适当地大量使用农药，造成部分土壤、水体污染和农畜产品有害物质残留；过量和不合理地施用化肥，引起部分地下水硝酸盐积累和水体富营养化等现象。

（4）经营管理方式落后

保持园区的有效运转，关键要靠园区自身的经营方式和运行机制。与工业园区、商业园区相比，现代农业园区仍面临诸多制约因素，如农产品价格不合理，市场竞争激烈，组织化程度较低，农业气候变化带来自然灾害增加等。因此，现代农业园区要实现优质高效，挑战十分艰巨。

5. 综合发展战略分析

本实证略。

四、指导思想与发展目标

本实证略。

五、园区定位与空间布局

（一）园区定位

园区的总体功能定位是：以科技为载体，以市场需求为导向，以创新为驱动力，科技、生产、生活、生态多元素紧密结合，努力打造国际先进、国内知名、全省名列前茅的现代农业园区，成为现代产业要素的聚集区、先进技术的示范区、京津冀草莓与葡萄产品全天候、全方位供应基地，都市休闲游憩目的地，太行山观光旅游的驿站，一二三产融合试验区，食品安全环境友好示范区。

1. 现代产业发展要素的聚集区

本实证略。

2. 国内先进技术创新平台

本实证略。

3. 京津冀草莓、葡萄等多元产品供应基地

本实证略。

4. 京津冀都市休闲游憩地和太行观光旅游驿站

依托园区位于京津冀城市群腹地、毗邻太行山著名风景名胜区的优势，与满城汉墓、白石山、龙门峡谷、狼牙山、清西陵、五岳寨、驼梁等景区连通，开发直隶文化资源，结合美丽乡村建设，挖掘文化教育、生态休闲、旅游价值观，打造文化休闲养生景观游苑。吸引京津冀都市居民假日游、保健养生游。

（二）空间布局

1. 总体布局

根据园区现有产业基础和发展需要，规划总体布局是：重点建设“一轴、四区、两中心”（图 3-13）。

“一轴”：即满于西线（X308）产业轴。县道 X308 纵贯现代农业园区，北起满城镇，在南韩村与 S336 交叉，到方顺桥与保沧高速、G107 交叉，成为四通八达的交通主干线，是园区连接外部城市和市场的要道，起着轴心和枢纽的作用。

“四区”：即现代农业园区的四个示范区，分别是南韩村草莓示范区、南韩村葡萄示范区、方顺桥草莓示范区、于家庄草莓示范区。各示范区均有生产基础好、建设条件优越的核心区，是现代农业建设的技术创新、体

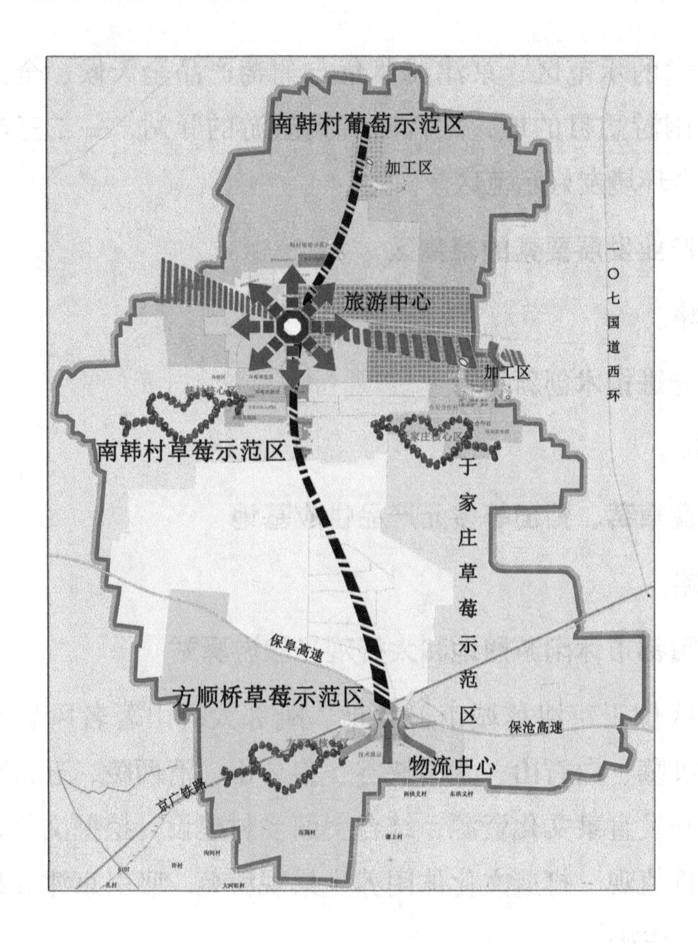

图 3-13　一轴四区两中心布局

制机制创新的源泉和建设重点。

“两中心”：①物流中心；②旅游中心。

2. 功能分区

（1）南韩村草莓示范区（图 3-14）

南韩村草莓示范区由示范区和核心区组成。

南韩村草莓示范区位于南韩村镇西南部，共 1.95 万亩，占园区面积的 14.72%。涉及东村、后村、市庄、疙瘩屯、韩村、孙村、西苟村、东苟村、西原屯、西原坡、西原村、东原村、尹固村，共 13 个村。

核心区位于示范区中部，孙村村南——西苟村、西原屯村西、尹固村村北，面积 4 033.8 亩。该核心区与东部于家庄的核心区间建设旅游通道连接。重点建设单位：沃土果蔬商贸有限公司。核心区由以下 7 个功能区

图 3–14　南韩村草莓示范区

组成。

草莓博览园。紧邻南韩村镇规划区，包括品种展示、栽培模式和器材展示、草莓文化艺术展示。

草莓采摘园。位于博览区的南侧，是旅游观光的深度体验区。包括鲜果采摘、可移动草莓（钵）、草莓盆艺、共生生物产品（如蜂蜜、蚯蚓）。

草莓科技创新园。以沃土果蔬商贸有限公司园区为主，实施食品安全、环境友好栽培技术，生态模式、创意模式以及智慧型草莓管理技术，创新型栽培器械和材料展示。

草莓休闲庄园。以西荀村、西原屯村、西原坡村临 X308 产业轴区域为主，结合美丽乡村建设，适当划分与庭院连接的栽培区，创建以草莓创意栽培、保健食品、餐饮、加工等为核心的文化家园，成为特色庄园和农家乐旅游区。

草莓体验区。位于草莓博览园西侧，紧邻草莓博览园。

市场街。位于南韩村镇新规划区的市场街南端，东临 X308 区道——园区主轴线。以零售和采购为主要交易形式，完善交易场所和暂储冷藏系统。

金翠特色果品观赏园（金翠园区）。位于南韩村镇尹固村村北，园区依托金翠种植养殖农民专业合作社建设。规划面积 200 亩，建设占地 30 亩的智能连栋温室 2 栋，种植葡萄、无花果、樱桃、苹果、梨树、桃树、杏树、桑葚等。全部引进名优品种，作为园区的特色果品观赏、采摘经典区域。

（2）于家庄草莓示范区

于家庄草莓示范区位于南韩村工业区南侧，直到 G107 国道。包括李铁庄、庞村、汤村、五里铺、于家庄、朗村、郭村，共 7 个村。总面积 1.98 万亩，占现代农业园区面积的 19.26%。

核心区位于南韩村工业区南，满于东线西侧，以李铁庄、庞村为主，面积 4 152.3 亩。是距离保定市西三环最近的草莓园，是沿 S336 出游、在满于东线南转的第一个观光区。该核心区紧邻南韩村示范区核心区。重点企业有合发草莓专业合作社、瀚隆农业合作社。本着协同发展、资源共享的原则，设置三个功能区。

- 草莓工业园

草莓工业园设置在南韩村工业区内，以优质草莓生产必需投入品生产和草莓深加工为主。

进行草莓专用农业生产资料的工业化生产，主要包括有机肥（如专用的复混肥、掺混肥料、微生物肥，以东奥牧业为基础）、有机农药（如苦参农药）、生物动力微生物制剂厂、营养基质等。按照循环农业和生物动力农业思路，食品安全、环境友好的理念，创新投入品。

草莓加工产品，主要包括草莓休闲餐饮加工、便携食品加工，草莓果蔬粉、营养素深加工。

- 观光廊道

在合发园区和瀚隆园区之间，修建观光大道，并延长到南韩村草莓核心区。配合休闲农业观光，建立草莓观光廊道，成为草莓观光、采摘、体验的标志性景观。观光廊道以草莓悬垂栽培、草莓地被展示为主，配以藤本观光作物和莓类（如蓝莓、黑莓、蛇莓、树莓、红莓、蔓越莓、悬钩子等）植物。

- 休闲农业园

在庞村和李铁庄，结合美丽乡村建设，构建休闲农业庄园。

（3）方顺桥草莓示范区

方顺桥草莓示范区位于方顺桥镇保阜高速以南的区域，主要包括决堤村、孟村、陉阳驿村、大赛村、小赛村、高荆村、太平庄村，共 7 个村。总面积 2.24 万亩，占现代农业园区面积的 16.87%。

核心区位于示范区东部的大赛村东侧，紧邻 G107 国道，以大赛村为主体，面积 2 610.1 亩。重点企业有大赛果蔬合作社。

核心区主要功能区包括物流中心和技术展示中心。

- 物流中心

位置：在保阜高速公路出口的西侧。建立面向国内外商户和消费者的葡萄、草莓交易中心、冷链物流设施，打造保定最大的果蔬集散基地。

- 技术展示中心

以大赛果蔬合作社为主体，建立技术创新、展示、传播中心。

（4）南韩村葡萄示范区

南韩村葡萄示范区位于 S336 以北的南韩村镇部分，包括南韩村、市庄村、孙村、段旺村、大固店村、宋家屯村、大贾村、后屯村、南辛庄村、南韩村等，总面积为 2.95 万亩，占园区面积的 22.23%。核心区位于示范区的西南部，南韩村与段旺村之间，面积 2 094 亩。

本着一二三产融合发展，向服务型农业发展的理念，并与美丽乡村建设相结合，核心区设置 6 个功能区，其中市场街、葡萄广场、葡萄庭院和乐活家园 3 个功能区和南韩村镇建设紧密结合。

- 创新平台

以企业为主体，建立与大专院校、科研单位相结合的葡萄产业科技创新平台。

• 葡萄大观园

在南韩村镇北，紧靠市场街的部位，建设葡萄大观园，以品种、种植方式、新技术等为主，建成葡萄知识的大观园，成为旅游农业的科技展示区。

• 体验苑

在大观园北，紧邻示范区纵深，建设体验苑，可以采用多种方式，如托管经营、入股经营、城乡家庭对接等方式，建立葡萄栽培体验苑。

• 葡萄庭院和乐活家园

在南韩村村北，紧邻葡萄产区的村边，利用庭院、闲散地、道路等，构建葡萄庭院、廊道为主的休闲观光带和乐活庄园，以农家乐的方式，发展旅游，富民乐活。

• 葡萄广场

在南韩村镇发展区围绕市场街，建葡萄为主体的文化广场，树立葡萄标志建筑和观赏体系。

• 葡萄市场街

在 S336 路北、X308 路西，规划市场街，成为葡萄零售和游客采买的中心区。

六、园区建设的主要工程

（一）草莓产业化工程

本实证略。

（二）葡萄产业化工程

本实证略。

（三）农产品加工工程

本实证略。

（四）休闲农业体系建设工程

现代农业不仅具有生产功能，还具有改善生态环境质量，为人们提供观光、休闲、度假的生活性功能。随着收入的增加，闲暇时间的增多，生活节奏的加快以及竞争的日益激烈，人们渴望多样化的旅游，尤其希望能在典型的农村环境中放松自己。于是，农业与旅游业边缘交叉的新型产业——观光农业应运而生，展示生态旅游农业之路，并实现经济效益与社会效益的统一，有利于提高农业比较利益，有利于农村剩余劳动力就地转移就业。

2016 年中央一号文件第 15 条要求大力发展休闲农业和乡村旅游。依托农村绿水青山、田园风光、乡土文化等资源，大力发展休闲度假、旅游观光、养生养老、创意农业、农耕体验、乡村手工艺等，使之成为繁荣农村、富裕农民的新兴支柱产业。

1. 休闲农业景观布局

建成保定市西郊农业旅游中心，不仅形成现代葡萄、草莓产业观光区和安全食品采购体验区，并以农村体验为内涵，形成草莓休闲庄园和葡萄庭院聚集区。涉及旅游产业的农民旅游服务收入占总收入的比重大幅度增加。

（1）整合休闲农业要素

观光农业是以农业生产为依托，依据供给侧结构性改革的原则，实现去库存、调结构，修正供给的定向定位，把农业生产、科技应用、艺术加工和游客参加农事活动融为一体，园区空间布局和产业体系就是把生产要素和观光要素有机、科学地融合。依据市场和本园区草莓、葡萄产业的观光休闲功能，必须注重的要素有以下几个方面。

- 优先生态保护

坚持生态优先、保护优先的原则，以及地方风土人情文化的保护。开发过程中，采取必要的措施和技术，有效地排除园区运营后环境的污染和破坏的隐患，做到资源集约与环境友好。

- 提升综合效益和叠加效应

综合效益最大化是现代农业示范园的立足之本，包括经济效益和社会效益。一方面，提供物质产品，满足游客的物质需要；另一方面，美化环境，满足精神愉悦的需求。充分挖掘核心旅游市场、地产市场、主要专项旅游市场。

作为休闲农业综合体的农业博览园，集中了现代农业生产展示、加工物流、博览展销、农业生态旅游、观光休闲度假、科技教育培训、科技产业孵化及信息交流合作平台等综合功能，力求实现经济效益、生态效益和社会效益的有机统一。

- 实现农游结合

吸引城市人流、资金流和信息流，是推动农村面貌的全面改变、加快新农村建设步伐的有效路径。首先，通过旅游的带动进入市场；其次，通过旅游提高农业的价值和附加效益，提供更多的旅游产品。

- 发挥示范带动作用

现代农业园区不仅要寻求自身的发展和效益，也需在产业项目的设置中体现示范推广价值，包括其新技术、新品种的引进和生产，闲置劳动力的安置和农民的增收，管理经营模式的改良与进步。

（2）优化休闲农业布局

一个中心：以满于西线与 S332 交口处为休闲旅游中心区域，在南韩村建立旅游服务中心。

三个板块：韩村葡萄观光旅游区位于南韩村葡萄示范区内，建设葡萄大观园、庭院葡萄乐活庄园、葡萄广场；韩村草莓观光旅游区位于南韩村草莓示范区内，建设草莓博览园、采摘园、大观园、体验园、休闲农庄；于家庄草莓观光旅游区位于于家庄草莓示范区内，建设草莓采摘园、休闲农庄、草莓长廊。

三个板块互相连通，辐射整个园区的西北部和东南部。

2. 草莓观光旅游体系建设

目标是发挥草莓发展的历史传统，建设中国草莓城。

（1）草莓博览园

地点：南韩村镇孙村南。

目标：展示草莓品种和特征特性的丰富多样，介绍有关食品安全、环境友好的新型栽培技术，栽培器械和材料，生态模式、创意模式，智慧型草莓管理技术。创建以草莓创意栽培、保健食品、餐饮、加工等为核心的文化家园。位于南韩村草莓示范区内，面积645.1亩，占核心区的16.83%。

• 室内展览部分

文字、图片和实物标本区：草莓的起源及历史；草莓的价值（经济价值、营养价值、生态环境价值）；草莓分类及商品知识；可移动草莓（钵）；草莓盆艺；共生生物产品（如蜂蜜、蚯蚓）。

专题片播放：草莓的故事（草莓文化）、草莓鲜果品尝区、草莓加工体验区：榨草莓汁、做草莓酱和草莓沙拉等。

• 露地展览部分

综合展示草莓产业、草莓风情、草莓科普文化、草莓科技、草莓设施等科技和文化元素，集中展示中国自育草莓品种、国外草莓优新品种、野生草莓、红花草莓、土壤消毒、立体栽培、草莓加工以及中国独有的节能日光温室等。

（2）草莓采摘园

地点：南韩村板块和于家庄板块分别设置。

南韩村采摘园规划面积1 189.0亩，占核心区的31.01%。

于家庄采摘园规划面积3 492.7亩，占核心区的84.11%。

根据市场发展需求，在规划面积内先少后多，逐年扩展。

选择当前生产上栽种的适宜采摘优质品种。采用规格统一的标牌，简要介绍各个草莓品种的优点、口感、价值等。采摘区行距要宽于大田，便于游人行走采摘。行间保持整洁无杂物，无裸露的肥料，地面湿度以不湿鞋为宜。采摘品种颜色鲜艳，注意果型搭配、口感搭配、大小搭配。多品种搭配，延长采摘时间。

（3）草莓体验苑

地点：南韩村板块和于家庄板块分别设置。以南韩村板块沃土科技园区和于家庄板块合发合作社为主体。

目标：综合休闲体验。供青少年在家长或园区专人指导下，进行幼苗移栽、浇水施肥等活动，既学知识，又锻炼身体，通过劳动体验，起到良好的教育作用。位于南韩村草莓示范区内，面积 661.0 亩，占核心区的 17.24%。

（4）草莓大观园

地点：草莓大观园位于南韩村草莓示范区内，面积 398.3 亩，占核心区面积 10.39%。

利用不同栽培种植样式、花色、株型、轮作间作方式等多种组合变换，构建草莓大地景观，集游览、生产、美化环境于一体。

（5）莓果长廊

地点：位于于家庄草莓示范园核心区，由草莓、树莓、蓝莓等构成莓果景观大道，既供游览观赏又供采摘。

面积：422.8 亩，占于家庄核心区的 10.18%。

引进适合游客观赏和采摘的草莓、树莓、蓝莓等品种，在观光长廊的两旁分段栽植，构成丰富多彩、赏心悦目的田园风光，供旅客观瞻。

（6）草莓休闲农庄

按照加强乡村生态环境和文化遗存保护，发展具有历史记忆、地域特点、民族风情的特色小镇，建设一村一品、一村一景、一村一韵的魅力村庄和宜游宜养的要求，建设休闲农庄，开展农村人居环境整治行动和美丽宜居乡村建设。

利用村庄、民居，改造建设农家乐休闲度假设施，休闲区与产业区衔接，承接休闲度假游客，成为美丽乡村的一部分，成为乐活庄园的样板。

地点：在南韩村、于家庄两个板块分别建设草莓休闲农庄。

• 草莓休闲农庄设计

学习重庆卡拉草莓庄园的经验，在南韩村南的满于路东侧，结合西原坡、西原屯、西原村美丽乡村建设，在原有村庄基础上，建设集群式草莓休闲庄园。

• 街区、庭院草莓景观设计与管理

按照专业化的要求，以草莓的无土栽培、草地型栽培、垂盆艺术化栽培为主。创新草莓农家乐栽培新模式，创建草莓新业态。

• 休闲农庄基础设施建设

垃圾转运站建设、污水处理与人工湿地建设。

• 太阳能综合利用工程

太阳能照明利用技术：太阳能路灯是一种利用太阳能作为能源的路灯，因其具有不受供电影响、不用开沟埋线、不消耗常规电能、只要阳光充足就可以就地安装等特点，因此受到人们的广泛关注，又因其不污染环境，而被称为绿色环保产品。太阳能路灯可以用于公园、道路、草坪的照明，以解决园区日常照明问题。在核心区内推广太阳能路灯，白天路灯上安装太阳能电池板将太阳能转化为电能，储存到蓄电池里，夜间蓄电池给路灯供电。

太阳能供热系统利用技术：太阳能供热系统由太阳能收集器、热储存装置、辅助能源系统所组成，其过程乃太阳辐射热传导，经收集器内的工作流体将热能存储，再供热至房间。至于辅助热源则有装置在储热装置内、直接装设在房间内或装设于储存装置及房间之间等不同设计方案。园区拟采用的太阳能供热系统为太阳能热水装置，其将热水通至储热装置（固体、液体或相互变化的储热系统）之中，然后利用风扇或是热交换器将热量传送至室内，从而达到温室效果。生态园区房间或餐厅能运用太阳能技术采暖及热水供应。

（7）草莓市场街

草莓市场街位于南韩村镇，面积 282.2 亩，占南韩村草莓示范区的 7.36%。园区内市场街兼有游览、购物、休息的功能，供游客采购鲜果及加工品、特色旅游纪念品和工艺品、特色美食等。

硬件建设和软件建设相结合，游客既能领略风土人情，又能买到满意的商品。做到品种丰富、价格公道、礼貌待客、宾至如归。草莓市场街与葡萄市场街互联共建，规格风貌协调一致。

3. 葡萄观光旅游体系建设

葡萄旅游体系包括葡萄体验苑、葡萄庭院农家乐、葡萄大观园、葡萄市场街、葡萄文化广场。

（1）葡萄体验苑

体验区占地320.5亩，占葡萄示范区的15.30%。设置田间农事体验区，并根据游客需要，设置室内加工体验区。

- 田间体验区

供青少年在家长或园区专人指导下，进行幼苗移栽、修剪整枝、浇水施肥等活动，既学知识，又锻炼身体，还能体验劳动艰辛，起到良好的教育作用。

- 加工体验区

榨葡萄汁、做葡萄馅、做葡萄沙拉、烤葡萄干点心等。

- 托管体验

托管体验，也称认养托管。有的游客需要从种到收全周期体验，可认养部分葡萄幼苗或成形植株，自行种植、管理、收获。当游客不能亲自光临时，可以委托园区代为管理，即为托管。游客在完全自愿的基础上与园区订立合同，合同内容主要包括：认养数量、位置、期限，认养过程中的田间管理、施肥、浇水、病虫害防治的指导，收获果实归属。托管事项、相关费用、突发事件及未尽事宜等双方协商解决。合同具有法定效力，双方自觉遵守。如有违约，利益受损方有权通过法律途径解决。

（2）葡萄庭院农家乐

将葡萄生产功能和景观功能相结合，利用农户庭院空地栽植葡萄。通过植株造型、整形、果色、果型、成熟期等要素搭配，建成别有特色的葡萄小院，美化生活，增加财富，吸引游人，发展旅游。有条件的农户开展餐饮服务（农家乐）。

- 设计要求

依据农户场地条件，随形就势，打造风格各异的葡萄小院，要精心设计，融为一体，彰显特色。坚持以人为本，在设计人员的帮助指导下由农户选择自己喜欢的品种类型。既要体现主人的意识和情感，又要适应客人心理需求。

- 服务要求

努力满足客人的要求，服务设施和服务人员衣着整洁卫生，服务态度热情周到，服务行为文明得体。遵纪守法，遵守社会道德，公平交易，合理收费。

（3）葡萄大观园（观光、采摘、品种展示园）

广泛收集全国乃至世界葡萄品种资源，分类整理，合理布局，为园区更换新品种提供资源，为技术人员学习提供观摩基地，为游客开阔眼界、丰富知识、观光欣赏提供壮观震撼的葡萄大景观。面积 591.0 亩，占南韩村葡萄示范区的 28.22%。

- 内容和功能

葡萄知识展示：葡萄的起源及历史、葡萄的经济价值、营养价值、生态环境价值、葡萄分类及商品知识等。

葡萄品种资源展示：要求具有葡萄品种 50 个以上，逐步发展到 100 个以上。收集世界各地品种资源和栽培品种，分类种植。各类别有明确的标识、产地、习性、用途、生物学特性等介绍。通过成方连片的葡萄园区，通过品种选择与搭配，实现口味对比、果型果色对比、株型对比、用途对比，展示葡萄有关的系列知识、逸闻趣事，实施科普教育，传播葡萄文化。

葡萄采摘区：对葡萄园进行设计打造，通过地形、棚架、陆地多种栽培形式和多品种组合，以及品种搭配、成熟期调控、行株距调整辅以各种园艺造型技术，构建葡萄大地景观，展现视野开阔、场景壮观、环境优美的景观农业之魅力，以供游人观赏、游览、采摘、品尝。

- 品种选择

选择当前生产上栽种的适宜采摘的优质品种，集中栽种在采摘区内。采用规格统一标识标牌，简要介绍各个葡萄品种的优点、口感、价值等。采摘品种为颜色鲜艳、果型美观的优质葡萄，果型搭配、颜色搭配、口感搭配要科学合理。选择挂果期长、抗病、晚熟的品种，采摘时间长容易吸引游客。

- 行距调整

采摘区行距要宽于大田，便于游人行走采摘。供采摘的葡萄植株不宜太高，果实垂挂于行走一侧。行间保持整洁无杂物，无裸露的肥料，没有植物枝杈，避免对游客造成伤害。

- 与其他作物搭配

采摘区采用兼做套种技术，套种蔬菜、花生、毛豆、萝卜、红薯、玉米等，延长采摘期，丰富采摘活动内容，吸引更多游客。

- 葡萄廊道

葡萄廊道建设材料以采用水泥柱、梁或竹子柱、梁为宜。

（4）葡萄市场街

市场是凝聚人流和财流的重要途径。将南韩村镇与新型城镇化结合，建立旅游市场街。

新鲜葡萄展示与零售，凝聚人气，展示当地民俗风情、特色餐饮，供游客观赏、体验、采购。

建设内容：市场街位于南韩村镇内，面积 90 亩，占南韩村葡萄核心区的 4.3%。与草莓市场街互联共建，规格风貌协调一致。

（5）葡萄文化广场

结合村庄规划，建设文化广场，展示葡萄文化，成为旅游地标。建成宽阔通畅、地面硬化、环境优美、四通八达的以葡萄为主要景观的休闲广场。为游客休闲、观景、集散的场所，同时可作为村民娱乐健身、节庆活动、村庄会议等活动场所。葡萄广场的作用是提升园区品质，促进村民交流，优化生活环境，助推美丽乡村建设。

- 广场外围

广场外围以葡萄为绿化苗木，修剪成葡萄围墙。

- 广场景观

广场主要活动区有葡萄景观、葡萄雕塑、艺术雕塑等。

- 效果烘托

广场路面平坦硬化，通过音乐喷泉、灯光等打造广场环境，提振活动气氛。

- 戏　台

戏台供会议、节庆文艺活动、大型促销活动等使用。规模大小以能够满足活动需要为宜，台上装饰采用盆栽葡萄。戏台楹联在村民中征集，内容反映葡萄产业发展的文化内涵。

4. 旅游服务中心

休闲旅游中心负责设计、完善、维护旅游线路和旅游环境，负责旅游日常管理。

通过建设地标，创立品牌，规范美化线路，以浓郁的特色、优质产品和周到的服务，打造著名星级旅游农业区和美丽乡村建设观光示范区。

（1）游客服务中心

游客服务中心主要有 3 个功能。

展示：展示园区基本概况、特点和重点、线路等；展示园区产品和当地特色商品。

服务：负责游客接待，为游客提供导览资料、导游人员、咨询服务，负责游客应急事件处理等。

管理：园区内旅游管理和安全保卫等。

（2）餐饮和住宿设施

结合美丽乡村建设和葡萄庄园、草莓庄园建设，设计吃住接待环境好、乡俗特色浓郁的农家乐，让游客吃农家饭、住农家屋。

（3）便民超市

综合服务中心设中等规模超市，市场物流区设便利店，为游客提供基本需求。

（4）医疗和急救

整合 3 个乡镇的医疗卫生机构，发挥村级卫生机构和乡村医生的作用，每个观光游览区、市场物流区设置 1 个医疗急救点，应对突发状况。

七、园区基础设施工程建设

（一）综合服务中心

园区管理与综合服务中心建在南韩村镇。综合服务中心包含现代农业园区管委会、专业合作社、农产品检验检疫中心、农机作业田间管理服务中心、信息与管理网络中心、电商平台等综合服务项目。

（二）道路升级工程

道路布局合理，符合园区设计。新规划于家庄核心区到满于西路的旅游道路。

道路升级工程的主要任务是主干路全部硬化、支路部分硬化，以及道路的美化绿化升级。

1. 道路红线规划

核心区内园区主干道宽 15 米，保证物流车辆及游人车辆通行畅通。连接各村庄及各产业园区间的次干道为宽 10 米路网，各产业园区为宽 5 米环路。田间操作路宽 4 米，支路路面宽 3 米。各园区参观、步行、休闲园路宽 1 ～ 1.5 米。

路边沟均为：上口宽 0.8 米，深 0.6 米，底宽 0.6 米。

2. 道路铺设材料规划

道路硬化 50% 以上。

主干道路铺设材料为柏油沥青路面。村与村，村与主干公路、乡村公路相接连的地方采用混凝土硬化，主要作业道路砂石硬化，土路脊突出田地 20 厘米以上。

次干道路铺设材料为柏油或沥青。

园区内、田间操作道路为水泥路面。

景观休闲路采用鹅卵石路、石板路、砖铺设，呈现自然形态。道路转弯处设弯道保护装置，便于农机进出田间作业和农产品运输，方便群众生产生活。

（三）给水排水工程升级

本实证略。

（四）生物景观升级工程

农路两侧种植防护林，展现新农村、新农田形象，适应观光旅游农业需要。

1. 设计原则

以乡土树种为主，按照适地适树原则，注重对共生群落的运用，发挥植物之间的互补作用，提高生存能力，充分考虑生物多样性，引入蜜源植物、鸟嗜植物，根据景观及生态要求，通过乔灌草结合，形成一个绚丽多姿的人工自然生态世界。

2. 设计思路

（1）总体配置

以乡土植物为主，引进一些其他地方特色植物，丰富整个园区的植物类型。常绿植物与落叶植物的比例为 3 ： 7 左右，落叶植物与开花植物比例为 3 ： 7 左右。在配置上根据空间功能及地势落差构筑不同的视觉效果，确定郁闭和开敞的程度，根据观花、观姿、观果、观叶、观干等特点，发挥植物的自然特性，以林植、群植、丛植、孤植为配置的基本手法，尽可能做到层次分明、错落有致、丰富多彩，形成四季有花可赏、四季有景可观的景观效果。

（2）群落选择

根据各功能区块和地形的不同要求，采取相应的种植方式，如观赏性植物群落、生态保健植物群落、鸟嗜植物群落、乡土特色群落等。

3. 植物选择

树种选用适合当地的观光林木。可供选择的植物有 60 多种，其中乔木 25 种、灌木 12 种、绿篱 4 种、地被 9 种、藤本 5 种、竹子 2 种、水生植物 5 种。

乔木：油松、白皮松、雪松、银杏、毛白杨、国槐、刺槐、旱柳、垂柳、速生法桐、白蜡、金叶国槐、金枝国槐、栾树、柿树、核桃、梨树、苹果、樱花、红宝石海棠、石榴、红花碧桃、辽梅山杏、红叶李、玉兰等。

灌木：紫薇、红王子锦带、木槿、榆叶梅、红瑞木、丁香、金钟花、金银木、蜡梅、珍珠梅、棣棠、丰花月季等。

绿篱：金叶女贞、大叶黄杨、紫叶小檗、沙地柏。

地被：剑麻、狼尾草、车轴草、八宝景天、三七景天、大花萱草、马蔺、德国鸢尾、石竹等。

藤本：紫藤、葫芦、葡萄、凌霄、五叶地锦等。

竹子：早园竹、花叶芦竹等。

水生植物：荷花、睡莲、水葱、千屈菜、香蒲。

4. 苗木规格

胸径 5 厘米，株高 3.5 米，苗木健壮。栽植规格：株距 3 米，树坑 60 厘米 ×60 厘米 ×60 厘米。造林当年成活率达到 95% 以上，3 年后保存率达到 90% 以上，林相整齐，结构合理。

（五）电力系统升级工程

本实证略。

（六）电信和互联网工程

本实证略。

（七）物流工程

本实证略。

（八）环境建设工程

1. 环境卫生管理

按照园区功能、人流情况，生产区 300 米之内、休闲观光区 200 米之内、市场物流区 100 米之内有卫生间。每座卫生间 30 平方米，男女分设，专人打扫，保持清洁，有洗手盆。

休闲观光区每隔 100 米、市场物流区每隔 50 米设一个垃圾箱。

2. 引导和标识系统

（1）导览图

在各示范区主要入口处设置导览图。

（2）道路标识

在主干交通要道设立通向园区的路标。园区内设通往各功能区、各企业的路口路标。

劝导、禁止或警示标识：设置具有引导、提升、劝诫、禁止、危险警示等信息的旅游标识。

展示介绍标牌：博览园、大观园、采摘园等休闲旅游区域设置作物名称和简介标牌。

八、投资与效益估算

本实证略。

九、保障措施

本实证略。

附：规划平面图（图 3-15、图 3-16、图 3-17）

图 3-15　规划平面图（1）

图 3–16　规划平面图（2）

图 3–17　规划平面图（3）

实证七
大运河农业生态文化产业园总体规划

一、概　述

本实证略。

二、规划背景与依据

（一）规划背景

2013 年中央一号文件提出，鼓励和支持承包土地向专业大户、家庭农场、农民合作社流转。“家庭农场”首次在中央一号文件中出现；2016 年强调要用发展新理念破解“三农”新难题，提出要推进农业供给侧结构性改革；2017 年中央一号文件提出深入推进农业供给侧结构性改革。

2018 年中央一号文件《中共中央 国务院关于实施乡村振兴战略的意见》（2018 年 1 月 2 日）要求按照产业兴旺、生态宜居、乡风文明、治理有效、生活富裕的总要求，让农业成为有奔头的产业，让农民成为有吸引力的职业，让农村成为安居乐业的美丽家园。《国务院关于促进乡村产业振兴的指导意见》（国发〔2019〕12 号 2019 年 6 月 17 日）指出：产业兴旺是乡村振兴的重要基础，是解决农村一切问题的前提。以农业农村资源为依托，以农民为主体，以农村一二三产业融合发展为路径，地域特色鲜明、创新创业活跃、业态类型丰富、利益联结紧密，是提升农业、繁荣农村、富裕农民的产业。

2019 年，中央一号文件提出坚持农业农村优先发展做好“三农”工作的若干意见，2020 年，中共中央、国务院印发《关于抓好“三农”领域重点工作确保如期实现全面小康的意见》。要求：破解乡村发展用地难题。

坚守耕地和永久基本农田保护红线。完善乡村产业发展用地政策体系，明确用地类型和供地方式，实行分类管理。开展乡村全域土地综合整治试点，优化农村生产、生活、生态空间布局。农村集体建设用地可以通过入股、租用等方式直接用于发展乡村产业。抓紧出台支持农村一二三产业融合发展用地的政策意见。完善农村基本经营制度，开展第二轮土地承包到期后再延长30年试点，在试点基础上研究制定延包的具体办法。鼓励发展多种形式适度规模经营，健全面向小农户的农业社会化服务体系。制定农村集体经营性建设用地入市配套制度。扎实推进宅基地使用权确权登记颁证。以探索宅基地所有权、资格权、使用权“三权”分置为重点，进一步深化农村宅基地制度改革试点。

2020年，农业农村部《关于落实党中央、国务院2020年农业农村重点工作部署的实施意见》突出四个方面要求。

1）农业产业化联合体项目。扶持并推介一批主导产业突出、原料基地共建、资源要素共享、联农带农紧密的农业产业化联合体；包括以龙头企业为引领，农民合作社和家庭农场跟进，广大小农户参与，采取订单生产、股份合作的小型产业化联合体。

2）休闲农业和乡村旅游精品工程项目。认定一批“一村一景”“一村一韵”美丽休闲乡村；开展“最美乡创、乡红、乡艺、乡厨、乡贤、乡社、乡品、乡园、乡景、乡居”等“十最十乡”推介活动。实施休闲农业和乡村旅游精品工程，建设一批设施完备、功能多样的休闲观光园区、乡村民宿、农耕体验、农事研学、康养基地等，打造特色突出、主题鲜明的休闲农业和乡村旅游精品。

3）粮改饲试点项目。

4）实施轮作休耕试点，以轮作为主、休耕为辅，扩大轮作、减少休耕。

根据农业农村部《社会资本投资农业农村指引》（农业农村部办公厅2020年4月13日）文件，“完善全产业链开发模式”指出，支持农业产业化龙头企业联合家庭农场、农民合作社等新型经营主体、小农户，加快全产业链开发和一体化经营，开展规模化种养，发展加工和流通，开创品牌、注重营销，推进产业链生产、加工、销售各环节有机衔接，推进种养业与农产品加工、流通和服务业等渗透交叉，强化农村一二三产业融合发展。

2017年底，《河北省农业供给侧结构性改革三年行动计划（2018—2020年）》围绕全面建成小康社会、加快农业农村现代化目标，以农业供给侧结构性改革为主线，坚持"保粮食、调结构、促增收"，以"四个一百"工程（打造100个生态休闲农业示范区、100个农业节水和规模种植示范区、100个规模养殖示范区、100个农产品加工产业集群）为重要抓手，大力推进一二三产业融合发展，大力推进农业规模化、产业化、市场化发展，着力形成各县农业主导产业和乡村"一乡一业、一村一品"的比较优势，着力构建连片开发、规模经营、龙头带动、融合发展的现代农业新格局，扎实推进农业高质量发展，有力促进农业增效、农民增收、农村繁荣，加快推动河北由农业大省向农业强省转变。

2020年4月3日，河北省农业农村厅发布《加快推进全省农业结构调整行动方案》，要求围绕农业结构调整"四个一百"工程建设，集中优势资源，把结构调优、规模调大、链条调长、质量调高，提高农业整体效益。

大运河（Grand Canal）是中国东部平原上的伟大工程，全长2 700公里，跨越8个省、直辖市，通达海河、黄河、淮河、长江、钱塘江五大水系，是中国古代南北交通的大动脉，是世界上最长的运河，也是世界上开凿最早、规模最大的运河。大运河始建于公元前486年，至今大运河历史延续已2 500余年，是中国古代劳动人民创造的一项伟大的水利建筑。

2004年11月，聊城建设了第一座运河博物馆。2005年12月15日，郑孝燮（古建专家91岁）等3人发起运河申遗。2007年9月，大运河申报世界遗产工作启动。2014年6月22日，大运河在第38届世界遗产大会上获准列入《世界遗产名录》，成为中国第46个世界遗产项目。这些遗产分布在2个直辖市、6个省、25个地级市，总面积为20 819公顷，缓冲区涉及总面积达54 263公顷。

2019年2月，中共中央办公厅、国务院办公厅印发了《大运河文化保护传承利用规划纲要》。纲要对大运河承载的中华优秀传统文化进行了解读和阐述，从文化遗产保护传承、河道水系治理管护、生态环境保护修复、文化和旅游融合发展、城乡区域统筹协调、保护传承利用机制创新等6个方面具体设计了文化遗产保护展示、河道水系资源条件改善、绿色生态廊道建设、文化旅游融合提升工程，以及精品线路和统一品牌、运河文化高地繁荣兴盛行动。要求加强党的领导、做好组织实施、完善政策措施、健全法律保障、抓好督查评估。规划期限为2018—2035年，分为2018—2025年和2026—2035年两阶段，并进一步展望至2050年。

2018年，沧州市《大运河城市区提升改造概念性规划》通过审定，明确要把沧州大运河城市区打造成中国大运河文化重要承载地、河北省城市生态走廊展示区、沧州市重要标志，把运河还给人民。沧州大运河文化发展带编制了“1+3+N”规划体系。“1”即《沧州市城市区大运河文化保护传承利用规划纲要》，“3”即《沧州市城市区大运河文化保护传承利用总体规划》《城市设计》《控制性详细规划》，“N”包括沧州市城市区大运河文化保护传承利用管线综合专项规划等7项专项规划、修建性详细规划及工程设计。要求加快大运河博物馆等一批重点项目落位工作，创造沧州“运河时代”。

（二）编制依据

本实证略。

（三）规划范围

1. 范　围

项目区位于大运河南运河沧州市郊，隶属运河区南陈屯乡西砖河村。

2. 规划期限

本实证略。

三、园区概况

1. 运河区与南陈屯乡

项目区位于大运河南运河沧州市郊，隶属运河区南陈屯乡西砖河村。

运河区总面积 117.7 平方公里，户籍人口 35 万人，全区森林覆盖率达到 33.7%，是大运河穿城而过的城区。古老的文庙、水月寺、慈航宫、清真西寺诠释着古运河悠久的历史积淀和浓厚的文化底蕴。大运河生态修复展示区、狮城公园、名人植物园、人民公园、南湖公园、大运河森林公园及各类主题公园、游园星罗棋布。运河的花、运河的楼、运河的酒、运河人的武乡情，编织了一幅绚丽多姿的锦绣文化图。

南陈屯乡位于沧州市的西南部，面积 34.8 平方公里，人口 4.86 万人，拥有耕地 40 057 亩，现有居民 12 776 户。

2. 南北运河

北运河和南运河在天津会合，进海河最后流入渤海，一个小小的直沽寨成了远近闻名的天津卫，成就了天津市。

南运河又名御河，长 414 公里，自四女寺至临清段称卫运河，长 94 公里，底宽 30 米，水深约 10 米，建有四女寺、祝宫屯船闸，可通航 100 吨级船舶。天津至四女寺段航道窄狭弯曲，底宽 15 ～ 30 米，建有杨柳青、独流、北陈屯、安陵 4 座船闸。自 20 世纪 70 年代以来，南运河已处于断流断航状态，仅在调水济津时，才有水流通过。

2019 年 2 月，国家发布《大运河文化保护传承利用规划纲要》。北京段率先启动，2019 年 10 月 3 日，通州城市段旅游通航仪式举行。

3. 项目区区位

项目区所在地西砖河村位于沧州市南 9 公里处，东临距京沪铁路 1 公里，北距沧石公路（307 国道）5 公里，柏油路直接通村。大运河在东西砖河村的中间流过。史载：明永乐二年（1404 年），十八户移民自洪洞县迁此建村。清初在大运河上建渡口，渡口岸用砖砌成（已废），遂称砖河。

项目区位于运河区的最南端郊区，南运河是沧州河网化低洼带的高水位人工河流。

4. 项目区概况

西砖河村隶属运河区南陈屯乡，人口 2 430 人，六百余户，耕地 5 506 亩。

西砖河村北邻市区，可连接沧州人民公园、沧州胜利公园、沧州文庙、沧州南湖公园、沧州清风楼广场、沧州烈士陵园等旅游景点。市内小鱼辣酱、沧州蜜枣、虾酱大饼、沧州“狮子头”、河北沧州冬菜等特产可以在农旅中联合开发。

项目区以小麦和玉米为主，有部分育苗苗圃（海棠为主）和多家畜禽养殖场。原有窑场一个，取土坑面积较大。村庄占地面积 1 100 亩，运河（含滩地）占地 990 亩。沧州市千益红枣酒厂在境内。

四、园区定位与功能分区

（一）定　位

《大运河文化保护传承利用规划纲要》贯彻习近平总书记指示精神，要求充分挖掘大运河丰富的历史文化资源，保护好、传承好、利用好大运河，打造大运河文化带。坚持科学规划、突出保护，古为今用、强化传承，优化布局、合理利用的基本原则，打造大运河璀璨文化带、绿色生态带、缤纷旅游带。按照“河为线，城为珠，线串珠，珠带面”的思路，构建一条主轴，带动整体发展。从强化文化遗产保护传承、推进河道水系治理管护、加强生态环境保护修复、推动文化和旅游融合发展、促进城乡区域统筹协调、创新保护传承利用机制等方面着手，实现文化遗产保护展示、河道水系资源条件改善、绿色生态廊道建设、文化旅游融合提升。

依据大运河保护传承要求和项目区在沧州，特别是运河区的区位，项目区定位为：大运河文化展示区、沧州都市农业（城郊型农业）区，一二三产相融合的农业生态文化旅游产业园。

第一产业，围绕城市消费需求，凝聚市民乐活休闲的要素，发展观光农业、社区农业、康养农业，包括洁净养殖业。

第二产业，围绕休闲消费和本区特色产品发展的需要，发展农产品加工业，例如沧州金丝小枣酿酒、海棠园林工艺品等。

第三产业，发展弘扬运河文化的休闲、旅游观光，儿童科普基地，创业培训基地等，发展特色餐饮服务。

以广牧生态农业公司为龙头，把西砖河村建设成为多种经营主体共建共享、产业化经营的田园综合体，大运河农业生态文化产业园；以企业化经营的“南风北韵”园林为龙头，发挥引领和组织作用；向东打通到运河的800米村旁休闲区，建立3 000米运河保护旅游带；以调整种植结构为重点，发展牧草饲料种植业，与家庭养殖场、养马（艺术表演型）等结合，构建休闲观光畜禽与食品产业体系；联合境内的各类经营主体（包括酒厂、苗圃、养殖户、种植大户、庭院经济）形成农业生态与文旅结合的产业化联合体。

（二）功能分区

项目区总面积共8 153.2亩。按功能分为三类十区（表3-4、图3-18）。

表3-4　功能分区

序号	分区名称	面积（亩）	占比（%）
1	南风北韵园林区	717.4	8.80
2	海棠文化产业园区	373.8	4.59
3	粮改饲农业试验区	105.7	1.30
4北片	家庭农场试验区	163.7	2.01
4南片	家庭农场试验区	1 105.5	13.56
5北片	农牧结合示范区	709.2	8.70
5南片	农牧结合示范区	2 368.2	29.05
6	美丽乡村庭院经济区	1 103.7	13.54
7	大运河生态保护区	561.9	6.89
8	乡村工业区	133.1	1.63
9	千益红康养酒家	22.6	0.28
10	其他（河渠道路等）	788.4	9.67

图 3-18　功能分区图

南风北韵园林区：园区的龙头，农业创新服务区，发挥大运河文旅统率、引领的作用。

海棠文化产业园区：在苗圃地的基础上，向微型果业（如海棠果、樱桃等）发展，结合林下经济，建设海棠精神园林小区，引进佟家花园村的花卉和盆景技术，把苗木转化为微型景观（盆景），发展移动农业。

粮改饲农业试验区：粮改饲是农业结构调整的方向，包括高粱、苏丹草、黑麦草、苜蓿等，是国家的要求。牧草与饲料作物结合，灌溉与雨养结合，草场与景观作物融合。

家庭农场试验区：部分零散土地，鼓励发展家庭农场适度规模经营。

农牧结合示范区：农牧结合，发展种养循环农业，为文旅提供特色食品和餐饮原料。充分发挥现有养殖大户的带头作用，以种植业形成养殖业的安全隔离带。土地经营权遵从群众意愿，园区产业化经营提供全方位服务——技术咨询、订单、机械化田间作业、产品收购。农民以土地使用权、园区以服务分别获利，共享共赢。

美丽乡村庭院经济区：黑龙港地区多场院和坑塘。新农村建设，要成为运河区城市农业（都市农业）的典型，让现代农业、美丽庭院、农家乐、庭院经济融合发展。

大运河生态保护区：适应大运河文化园的总体要求，把项目区内的大运河变成美丽的景观带，包括修建橡胶坝、拱形板坝，作为季节性蓄水造景的条件，对季节过水、南水北调尾水进行拦截；堤坡绿化美化；滩地种植蔬菜、花卉。

乡村工业区：按规划许可办。

千益红康养酒家：让酒厂成为景区的特色。将酒厂边农田打造成为酒原料（枣和药草）展示基地。

（三）工程分期

按照河北省农业“四个一百”工程规模连片打造、强化龙头带动、加强科技支撑、推动绿色发展、推进品牌建设的要求，按照加强组织领导、创新工作机制、加快实施进度、严格督导考核的组织推动措施，把园区建设分三阶段实施（图 3-19）。

第一阶段：打造核心区（700 亩），由广牧公司负责。

第二阶段：龙头企业（含酒厂）与村委会联合，在区乡领导小组的组织下，打造休闲农业，包括核心区、海棠文化区、粮改饲区，以及庭院经济、家庭农场示范，共 2 000 ～ 3 000 亩。

第三阶段：覆盖整个区域（约 8 000 亩），先组织产业化经营联合体，分步实施规划。

图 3-19　工程分期图

五、园区建设的主要工程

（一）一期工程——农业生态文化产业园

1. 建设内容

（1）现状照片（图 3-20 至图 3-23）

（2）建设分区

规划面积：734 亩，其中旧砖窑用地 293 亩，农业用地 441 亩。项目分为 3 个区域。项目建成后可年产各类水果 660 吨、无公害蔬菜 110 吨，满足年观光 6 万人次。

图 3-20 废弃砖窑（转盘窑）

图 3-21 饮马湖（窑坑）

图 3-22 异地迁建古建复建中

图 3-23 饮马湖绿化中

2. 南风北韵文化产业核心区

通过迁移、修复、装饰明清古建保护群（其中包含古建本体博物馆、高端古建民宿、明清古典红木家具馆、国粹民俗文化馆、大运河餐饮、非遗产品展销厅、书法字画苑）及与之配套的园林景观。提供古建民宿住宿、运河沿岸各地特色餐饮、国粹文化表演、名优本土产品展销等，弘扬民族文化，展现中国民俗。核心区占地面积约 171 亩，总建筑面积 48 282 平方米，主要功能分区见表 3-5，大运河印象功能见图 3-24。

表 3-5 主要功能分区

序号	区域	建筑面积（平方米）
1	大运河沧州印象号区域	8 450
2	农业科技接待中心	3 000
3	科技农业示范区	5 500
4	智能蔬菜工厂	1 000
5	田园集市	2 022

续表

序号	区域	建筑面积（平方米）
6	农产品展销中心	1 500
7	农业科普基地	3 060
8	农业大讲堂	1 000
9	中欧现代农业技术转移中心	4 000
10	农副产品仓储中心	1 800
11	优良种畜繁育中心	5 400
12	农产品电商平台营销中心	1 000
13	农耕文化示范区	550
14	新型职业农业培训基地	3 600
15	运河农业博物馆	6 400

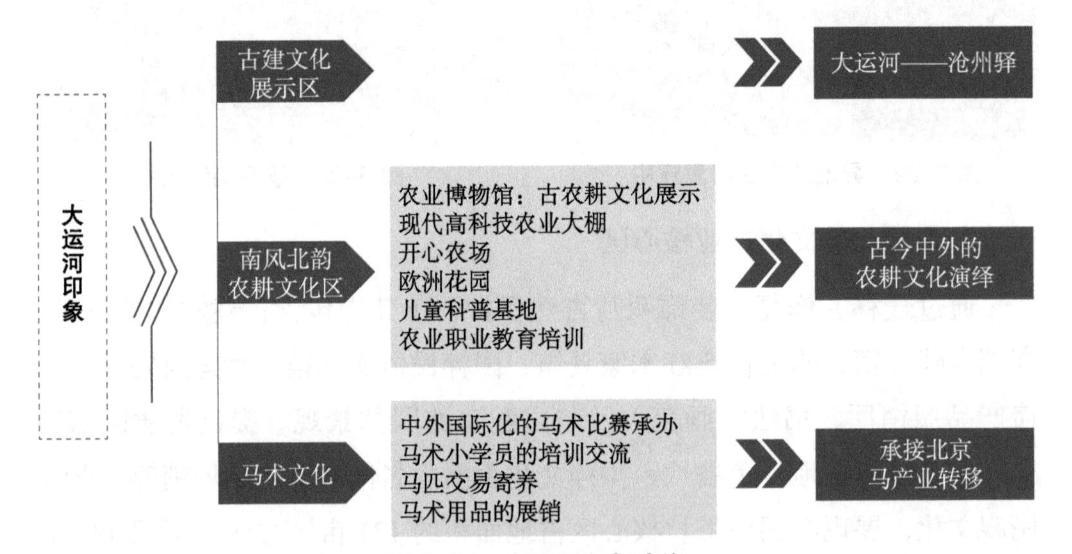

图 3-24　大运河印象功能

（1）大运河沧州印象号区域

• 古建文化展示区

时光雕琢的古建筑在沧州重生，把沧州打造成面向京津冀、辐射全国的运河文化博物馆。

在我国江西、安徽、福建等地留存有相当数量明清时期木构古建筑，因城市拆迁、火灾、虫蛀正在濒临倒塌。为展现中国民俗、弘扬民族文化，相关人员着手组织专业古建施工单位，大量收集明清时期古建筑，将其迁建、修复、装饰为古建保护群、博物馆、展览馆（图 3-25）。

图 3-25　古建筑展示

• 古建示范区（古建筑细节见图 3-26）

图 3-26　古建筑细节

（2）大运河 · 沧州印象号

一帆风顺区将原废弃砖窑重建为特色民宿酒店，其中建筑的立面形态设计结合船体、码头等元素，旨在建立与大运河之间的互动关系，从而诠释沧州丰富的大运河文化。

将建筑物命名为“大运河 · 沧州印象号”，寓意沧州文化印象立足新时代、新起点，依托大运河文化带，扬帆起航，乘风破浪。

大运河印象：挖掘沧州历史文化传说，展现大运河的历史变迁。

• 护河驻防制度：如堡子与堡兵。

• 减河防洪体系：如捷地减河、兴济减河和马厂减河。

• 漕运与码头：从南向北有桑园、连镇、东光、泊头、沧州、兴济、青县、流河等十几处码头，有安陵、北陈屯船闸。

• 皇帝下江南的传说：如李皇亲、白塔寺等。

• 运河变迁：两千年古今对比。

• 海河治理与运河的交互工程：如南排河、兴济渡槽。

（3）农耕文化·南风北韵

本实证略。

（4）马术运动区（承接北京马产业转移）

打造京津冀乃至全国重要的集活动赛事组织、马术训练教育、马匹繁育养殖的综合性马产业中心，最终承接北京马产业转移。

建设标准化现代马术室内赛场，建成后每年可定点承接国际国内、场地障碍赛40余场。同时还将建设标准马厩，大型室内训练场，教练、运动员等参赛人员服务中心。

（5）饮马湖开发与水产养殖

利用原来窑场的取土坑塘，发展水产养殖。养殖区占地面积约121亩，主要为优良淡水鱼品种养殖基地。购置加温设施、自动补光系统设备、无菌净水系统、无土栽培系统、立柱式基质栽培系统、气雾栽培系统、鱼菜共生系统、水肥一体化系统、节水灌溉系统、自动喷淋系统、旋耕机、开沟机、植保无人机、冷链物流车、拖拉机、牲畜清洗及烘干设备、牲畜防蚊虫系统、场地喷淋设备等相关农业设施设备。

（6）现代农业技术展示与农耕文化传播区

种植区占地面积约442亩，主要包括金丝皇菊60亩、四季花卉种植区113亩、欧洲果园86亩、牧场63亩、采摘大棚及育苗基地120亩。与核心区的技术推广中心等形成内外结合的技术传播体系，弘扬农耕文化。打造中国现代农业新高地、新模式和新业态，创建中欧现代农业技术交流平台。

项目建设包括农博园（含联栋温室、无土栽培区、都市农庄、智慧农业区、农耕文化区、蔬菜工厂、热带雨林、沙漠植物区等）、青少年农业科技科普基地、现代农业技术展示培训基地及创业摇篮、采摘园、都市农夫俱乐部、四季花海、牧场、欧洲果园等内容的现代农业和乡村振兴示范基地。

皇菊位于江西奉新县有小香格里拉之称的下保村。中国绵延了千年的赏菊习惯足以证明皇菊的观赏价值，生长期的皇菊被广泛用于花坛、地被盆花和切花。泡在沸水中的皇菊，形如绣球，色如黄金，犹如给它第二次生命。不仅冲泡 7 次有余香，而且色泽金黄。如果只泡 1 次后用清水养之，7 天不变色、不凋谢；现代生活中，许多高雅家庭、会所、酒店用其以作装饰。

- 农业博物馆——农耕文化展示

本实证略。

- 现代高科技农业大棚展示与采摘

本实证略。

- 建设现代农业园区科技创新与人才教育中心

本实证略。

现代农业园区建设的关键是为产业化发展培养人才，形成“大众创业、万众创新”的良好氛围和舞台，重点是培养新型职业农民。

建设现代农业科技中心，服务农业生产经营、促进传统产业转型、农业高新技术产业升级。

一是要发挥园区的孵化功能，大力吸引大专院校科技单位来园区驻点，特别是要鼓励大学毕业生回乡来园区创新创业。二是鼓励科技市场、知识产权交易和保护、技术咨询与培训等方面的中介机构进园区，扶持涉农科技型企业发展，简化手续促进民办非企业机构发展。三是加快现代职业教育体系建设，允许企业、社会组织或个人兴办的职业技术教育机构来园区培训技术人才。

建立新型农民培训基地（河北省已经有国家级认可的培训基地 7 家），培养聚集各类技术人才。利用园区设施和先进的多媒体设备，依托专家技术优势，面向农民开展技术培训，加快新型农民培育。

以园区内青年家庭农场主和新型农业经营主体带头人为重点，进行种植和加工技术、经营管理、市场营销、农村电子商务、农产品质量安全、农民专业合作组织知识等产前、产中、产后方面的培训，不断提高农民的知识水平和科技素养，培育一批新型职业农民、经理人、经纪人，构筑人才平台。

- 开心农场

本实证略。

- 休闲观光

本实证略。

- 充分利用数字农业带来的六大创业商机

指将遥感、地理信息系统、全球定位系统、计算机技术、通信和网络技术、自动化技术等高新技术与地理学、农学、生态学、植物生理学、土壤学等基础学科有机地结合起来的数字农业，促进实现农业生产过程中对农作物、土壤从宏观到微观的实时监测，以实现对农作物生长、发育状况、病虫害、水肥状况以及相应的环境进行定期信息获取，生成动态空间信息系统，对农业生产中的现象、过程进行模拟，达到合理利用农业资源，降低生产成本，改善生态环境，提高农作物产品和质量的目的。尤其要利用当前进入5G、区块链时代的机遇。

数字农业的4个主要部分：农业物联网（Internet of Things）、农业大数据（Big Data）、精准农业（Precision Farming）、智慧农业（Smart Agriculture）。

数字农业迎来六大创业商机：水肥一体化、植保无人机、农产品可追溯、智慧农场、工厂化养殖、智慧园。

（二）二期工程——都市农业

1. 建设内容

在《运河文化》一期工程的带动下，组织不同经营主体，共建共享都市农业，链接运河区的花、酒、文、武四大特色，做好四件事，为一期文化产业工程配套提供展示平台。

包括海棠文化产业园、粮改饲示范、酒家文化、家庭农场试验区。

2. 海棠文化产业园

海棠文化产业园位于核心区，现在种植的是园林用海棠苗，有少量禽畜养殖。

该土地的高效利用对园区的建设和发展至关重要。在海棠苗待售期，改作海棠产业园非常必要。海棠是名花之一，与玉兰、牡丹、桂花并称“玉堂富贵”，休闲观光价值很高。怀念周恩来总理的电视剧《海棠依旧》尽显海棠韵味。诗云：昨夜雨疏风骤，浓睡不消残酒。试问卷帘人，却道海棠依旧。知否？知否？应是绿肥红瘦。

海棠是中国产苹果的砧木，名叫林檎。河北以怀来的八棱海棠、北京西府海棠最出名。海棠苗待售期，不仅可以成为观光园，也可以发展林下养殖。果实是很好的小型果，可食用。未售出的苗木可以引进佟家花园的花卉技术，改为盆景，成为移动农业的产品。

3. 粮改饲示范——大运河通道工程

园区核心区与大运河不相连，还有800米的距离。为了与旅游休闲配套和调整种植结构，沿到大运河的道路，实行粮改饲的种植结构调整，发展饲用玉米、高粱、苏丹草、苜蓿，以及观光类牧草，如油菜、二月兰。

通道建设内容包括修路。依据马文化的需要，建设观光型马道。

4. 酒家文件——千益红酒家

沧州运河区以酿酒出名。园区内有沧州千益红酒业有限公司，以沧州著名的特产即金丝小枣为原料酿造枣酒——千益红枣酒，自2015年成功后，渐成名品。

为了与旅游配套，也为了提高千益红的市场效应，需要与核心区相呼应，建立品酒、售酒场所。继续提高品质，建立可追溯的质量保障体系。与沧州小枣生产规模相适应，提高产量和市场占有率。

展示沧州特产金丝小枣及栽培模式。

5. 家庭农场试验区

在粮改饲示范区与村庄之间的村旁地带，地形起伏，地块零碎，有数个饲养场。建议按自愿原则，发展家庭农场，实现养殖大户和种植大户结合、村庄绿化和庭院经济结合，将以上建设成为乡村旅游的组成部分。村南还有一片区域，建议以家庭农场试验区方式支持其发展，实现南北呼应。

大力培育家庭农场。集体所有制条件下的以家庭承包经营为主、统分结合的双层经营体制，极大地激发了农民的生产积极性。为发展都市农业、循环农业，家庭承包为特征的家庭农场无疑是较好的形式。

要在园区大力培育家庭农场，以家庭经营为基础，实现都市农业循环农业的标准化、精细化，提质增效。

6. 农牧结合示范区

本实证略。

六、运河与美丽乡村建设

（一）美丽乡村建设

西砖河村、大运河及路西村工业区共占地 1 798 亩，占总面积的 22%，是大运河文化产业发展的重要组成部分。

运河畔的乡村是黑龙港地区唯一不受盐渍化威胁的地带，不仅是居住生活的基础，也是发展庭院经济的重要场所。

本村跨大运河 3.3 公里长。要坚持共抓大保护、不搞大开发的理念，以文化遗产、河道水系、生态环境保护为重点，科学规划、突出保护，古为今用、强化传承，优化布局、合理利用的基本原则，推动形成大运河文化保护传承利用新模式。

水是人类生活的重要资源。大运河为西砖河美丽乡村建设、发展旅游产业、改善居民生活环境创造了先天条件。以水景观和水资源经营为抓手，提升乡村景观。

“仁者乐山，智者乐水”。“水”为“智者”提供了丰富的文化源泉，“智者”亦开发了“水”无穷的文化矿藏。要“总理故乡水奇观，人水和谐谋发展”，发展“亲水”休闲与水文化。

主要内容包括：提升村容村貌；结合水利建设，建立中心花园和中水湿地生态园；整饰道路，适应旅游需求，适应净化环境要求。

西砖河村美丽乡村建设提升村容村貌参考：适应人民生活日益提高的需要，改善住房，由一层的平房院向二层或三层甚至六层保温隔热、节能集雨、现代别墅式房屋发展；整饰街道，提升村容村貌，例如廊道式绿化街、巷，适应有机农业和旅游需求。

建设村文化公园。结合宅基地确权，利用集体坑塘建设村中花园。以蓄水为主，造园、造景，营建湿地公园。主景区以红梅、杏梅、蜡梅为主体，辅助绿化乔灌草。水面点缀莲藕。基于旅游环境的培育，建设精细化的运河文化园林，传播运河文化。

中水利用与生态园工程。与村中湿地公园建设结合，建立生活污水处理工程和中水回用工程。

（二）庭院经济

庭院经济不仅是农民增收的途径，也是发展乡村旅游和建设美丽乡村的重要内容。

庭院经济是农民以自己的住宅院落及其周围为基地，以家庭为生产和经营单位，为自己和社会提供农业土特产品和有关服务的经济。它的特点主要有：生产经营项目繁多，模式多种多样；投资少，见效快，商品率高，经营灵活，适应市场变化；集约化程度高；利用闲散、老弱劳力和剩余劳动时间。

庭院经济是农业经济的组成部分。能合理开发农业土特产资源，继承和发展传统技艺，是农村商品生产的重要基地，是消化农村剩余劳动力的有效途径，是提高农民生产技术和积累经营经验的园地，也是农民致富的门路。西砖河村有六百多户人家，庭院经济发展潜力巨大。

（三）大运河保护与休闲观光建设

村滂运河长 3.3 公里，总占地面积 562 亩，其中可耕作的滩地 250 亩。

按照“抓大保护、不搞大开发”理念，以文化遗产、河道水系、生态环境保护为重点，形成大运河文化保护传承利用西砖河新模式。做好三件事：①河流保护，包括大堤养护、河流绿化；②为提高水景水文化效果，学习外地运河滞蓄水的经验，建临时性橡胶坝 6 ～ 7 道，对季节过水、南水北调尾水进行拦截，利用蓄水提高观光效果；③利用运河滩地（图3-27），种植蔬菜和花卉。

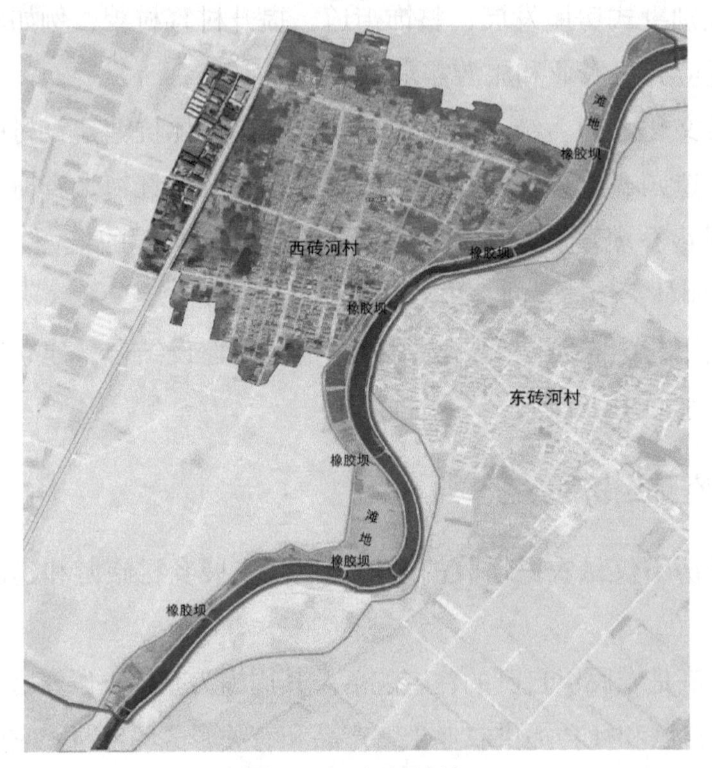

图 3-27　运河滩地

七、投资与效益估算

本实证略。

八、保障措施

本实证略。

第四篇

河北省休闲农业园区可持续景观研究

一、可持续景观的相关概念、内涵、途径、战略

（一）可持续发展概念

世界自然保护联盟（IUCN）、联合国环境规划署（UNEP）和世界野生生物基金会（WWF）在1980年共同出版的《世界自然保护战略：为了可持续发展的生存资源保护》一书首次提出了可持续发展的概念，并受到广泛关注，该书最基本的视角是生物圈的保护。1987年，挪威前首相布伦特兰夫人代表世界环境和发展委员会（WECD），发表了该委员会经过四年研究和充分论证的主题报告《我们共同的未来》，该书成为较系统地论述和研究可持续发展的重要里程碑。在该书中，可持续发展被定义为“既满足当代人的需要，又不对后代人满足其需要的能力构成危害的发展。”该定义中的“需要”主要指与资源、环境紧密相关的物质需要。可持续发展主要涉及人口、资源、生态、环境、减灾、经济、社会等诸多方面，其中包括地球科学许多领域的综合性研究与应用，而这正是地球系统科学的研究优势与重要应用目的。因此，可以说可持续发展科学理论的探索与实践离不开地球系统科学与经济学、管理学、社会科学等的有机结合与综合应用。地球系统科学是可持续发展战略的科学基础，它不仅要研究与可持续发展有关的自然演变（特别是资源、环境、全球变化等）规律，而且要为社会发展提出规划、管理依据。

可持续发展是指在不损害当代人利益的同时又能够满足后代人的需求，这要求我们在合理利用现有资源的前提下立足长远，为今后的发展提供参考价值。20世纪70年代，随着经济危机、环境破坏问题出现，人们开始意识到可持续的重要性，社会各界采取了一系列措施，而后的几十年内，可持续发展将逐步推进（表4-1）。早期的可持续由生态学提出，要求人们在进行现有发展的同时满足生态环境稳定的要求，如今随着社会经济以及环境的变化发展，可持续发展在文化、景观、经济、政治以及资源等方面都提出相应的要求。

表 4–1　可持续理念发展历史沿革

年份	人物 / 文件 / 书籍 / 会议	主要观点
1905	Shaler N S/*Man and the Earth*	他开始在工作中强调当代人的道德义务：为子孙后代争取一个美好的未来（即“可持续发展的代际平衡”）
1927	Weber M/*General Economic History*	人类需要选择牺牲一定程度的个人自由才能实现更加安全、平衡的社会生活
1966	Boulding K E/*The economics of the coming spaceship earth*	未来的地球很可能会成为资源有限的封闭实体，所以人类必须找到维持循环生态系统的方法
1962	Rachel Carson/《寂静的春天》	将有害化学物质释放到环境中而不考虑其长期影响是部分人类的严重错误；人类的贪婪是造成大面积环境损失的主要原因，人类不能将自己视为地球的主人，而应该自视为地球系统的一部分
1972	联合国人类环境会议 /《粗心的技术：生态与国际发展》	探讨了环境的重要性问题
1978	联合国环境规划署审查报告	首次出现“生态发展”
1980	世界自然保护联盟（IUCN）	首次尝试将环境和发展整合到保护领域
1987	联合国世界环境与发展委员会 /《我们共同的未来》	将可持续发展定义为：既满足当代人的需求，又不损害后代人满足其自身需求的能力。该定义一度被广泛视为“可持续发展”的官方定义
1992	联合国环境与发展会议（又称“里约会议”或“地球首脑会议”）/《里约环境与发展宣言》	通讨了可持续发展理论为中心进行论述的文件
1994	《中国 21 世纪议程——中国 21 世纪人口、环境与发展白皮书》	我国第一次在社会、经济等方面的未来发展计划中运用可持续发展理念
1997	中共十五大	我国指出建设现代化国家必须运用的思想之一为可持续发展理念
1999	中国科学院 /《中国可持续发展战略报告》	提出了包含 5 个等级、208 个指标的中国可持续发展指标体系
2002	中共十六大	把社会能够具有长久可持续发展的能力作为全面建设小康社会的目标之一

续表

年份	人物 / 文件 / 书籍 / 会议	主要观点
2007	中共十七大	把建设生态文明列入全面建设小康社会的目标，要求建设以资源环境承载力为基础、以自然规律为准则、以可持续发展为目标的资源节约型、环境友好型社会
2012	中共十八大	经济发展、社会发展和环境保护是可持续发展的，是相互依赖互为加强的组成部分
2017	中共十九大	坚持人与自然和谐共生，建设生态文明是中华民族永续发展的千年大计
2022	中共二十大	尊重自然、顺应自然、保护自然，是全面建设社会主义现代化国家的内在要求。必须牢固树立和践行绿水青山就是金山银山的理念，站在人与自然和谐共生的高度谋划发展

资料来源：作者整理。

（二）可持续景观概念

1993 年 10 月，美国景观设计师协会（ASLA）发表了《ASLA 环境与发展宣言》，提出了景观设计学视角下的可持续环境和发展理念，提出景观设计也应该坚持可持续发展的观念，要意识到我们人类的健康繁荣与自然生态的健康繁荣是密切相关的，我们的子孙后代有权利享有和我们相同的甚至更好的自然资源，经济发展若想长远也得与环境保护是相辅相成的关系。景观设计要从水源、大气、土壤、动植物等多方面树立可持续发展意识，使景观能够获得自我生长衰亡的良性更替，能够不断再生，这样的景观即可称之为可持续景观。

综合以上观点，得出可持续的景观是要求健康生态、节约经济、有益于人类当下的生活体验和人类持续发展的景观（樊巧思，2015）。

（三）可持续景观设计内涵

可持续景观的设计本质上是一种基于自然系统自我更新能力的再生设计，包括如何尽可能少地干扰和破坏自然系统的自我再生能力，如何尽可能多地使被破坏的景观恢复自然的再生能力，如何最大限度地借助于自然再生能力进行最少设计（Minimum design）。这样设计所实现的景观便是可持续景观。

（四）实现景观可持续发展的战略

《ASLA 环境与发展宣言》还提出了景观设计学和景观设计师关于实现可持续发展的战略，这些战略包括以下方面。

第一，有责任通过我们的设计、规划、管理和政策制定来实现健康的自然系统和文化社区，以及两者间的和谐、公平和相互平衡。

第二，在地方、区域和全球尺度上进行的景观规划设计、管理战略和政策制定必须建立在特定景观所在的文化和生态系统的背景之上。

第三，研发和使用满足可持续发展和景观再生要求的产品、材料和技术。

第四，努力在教育、职业实践和组织机构中，不断增强关于有效地实现可持续发展的知识、能力和技术。

第五，积极影响有关支持人类健康、环境保护、景观再生和可持续发展方面的决策制定，价值观和态度的形成。

ASLA 强调，这些战略应体现在专业工作中的每一个环节，体现在职业道德、专业修养、专业咨询和志愿者的活动中。作为全球性的专业组织，国际景观设计师联盟（IFLA）与联合国教科文组织于 2005 年 8 月发表了最新的《国际景观设计教育宪章》，申明：面对这个快速世界，我们景观设计师必须对我们未来的景观负责，我们相信，任何影响户外环境的创造、使用和管理的行为和事物都将对人类的可持续发展和利益带来重要影响。我们有责任通过改进教育，培养未来景观设计师，使他们在自然和文化遗产背景下，创造可持续的环境。

可以说，面对一个危机四伏的环境，景观设计学比其他任何一个时代，也比其他任何一个学科都更有责任通过我们对户外空间的规划设计、保护和管理，来回归一个可持续的地球；面对人类的生存危机，景观设计更是一门生存的艺术。

（五）可持续景观实现设计的途径

1. 可持续的景观格局

立足整体空间格局和过程意义，讨论景观作为生态系统综合体的可持续——通过判别和设计对景观过程具有关键意义的格局，建立可持续的生态基础设施。

2. 可持续的生态系统

把景观作为一个生态系统，通过生物与环境关系的保护和设计以及生态系统能量与物质循环再生的调理，来实现景观的可持续——利用生态适应性原理，利用自然做功，维护和完善高效的能源与资源循环和再生系统。

3. 可持续的景观材料和工程技术

从构成景观的基本元素、材料、工程技术等方面来实现景观的可持续——包括材料和能源的减量、再利用和再生。

4. 可持续的景观使用

从经济学和社会学意义上来说，景观的使用应该是可持续的；同时，通过景观的使用和体验，教育公众，倡导可持续的环境伦理，推动社会走一条可持续发展的道路。

二、河北省休闲农业园区可持续景观设计（营造）策略

（一）河北省休闲农业园区可持续景观设计原则

1. 生态持续性

生态是社会持久发展的基础，坚持“生态优先，绿色发展”导向，以创新为基本动力，保持生态建设的持久力，推动绿色发展。可持续设计就是为人类提供持久宜居的生态环境，从而提高人民群众的幸福感和获得感。要坚持可持续设计，就要尊重保护自然资源，减少人为破坏，在设计时要将生态优先放在首位，在生态保护的前提下提供高质量高水平的生活

（刘嘉敏，2021）。

生态可持续是进行景观设计时必须遵循的设计法则，在设计时充分考虑旅游资源与经济建设的协同发展，将生态环境打造为社会持久发展的助力。河北省地处黄河中下游流域，是中华民族发祥地之一，也是全国唯一的兼有平原、草原、高原、山地、湖泊和海滨的省份。

景观设计中生态设计的自然资源要素包括水环境、地形、植被、气候等，而这些要素往往与地域特征有诸多关联，在河北省众多休闲农业园区中，构成要素各具特色，有的具备独特的水系，有的具备特有的土壤，有的具有特色植被，有的具有地域性的农产品，有的兼具多种特色构成要素。在景观设计时充分利用休闲农业园区现有资源来确保生态的可持续发展，增强生态系统的稳定性和多样性。在河北省休闲农业园区景观设计中，应深入贯彻可持续设计理念，进一步推动社会经济持续发展。河北省休闲农业园区发展中受到文化因素、政策因素、生态因素以及社会因素等多方面影响，因此在进行景观可持续设计时，要将多重因素有机结合，在此基础上完善规划，形成可持续设计下的河北省休闲农业园区景观。

2. 文脉延续性

文化是景观可持续设计的脉络，通过对地方文化进行传承与发展，使文化得以延续。采用保留原有人文生活方式和习俗等手法，运用现代技术将传统与现代相协调，使园区具有持久的魅力与活力。文化是历史长期沉淀的产物，文化空间是自然属性和人文属性的统一，文化性是文化空间的一个重要特性，历史文化的注入强化了休闲农业园区的气氛和氛围，使其带来更深远的影响。

河北省历史源远流长，文化灿烂多彩，自然条件得天独厚，孕育了多彩多姿的文化艺术。如地方传统戏曲、民间曲艺、民间舞蹈、乡村古乐、民间美术、特色工艺、沧州武术、吴桥杂技等，在国内外享有盛誉（李庆泽，1987）。这些地方特色艺术从不同角度代表了中华民族的历史文化和传统。它们共同而鲜明的特点是来源民间生活，有的是从古代历史上传下来的，有的是从其他地方移植过来的，有的是随着时代以具体形式进行思想创新，逐渐形成地方特色，深受全国群众喜爱。它们不仅在中国历史上有一定的影响力，而且一直延续至今。

3. 以人为本

河北省休闲农业园区景观设计就是强调人在环境中的主体地位，以满足人的各项需求为出发点，结合环境空间进行设计。在园区景观设计中，分析不同人群特点进行设计，综合考虑省内外游客以及附近居民对景观要素的需求，根据人流和车流进行停留空间的数量及尺寸设计，创造出满足大众审美需求的人性化景观空间。在景观设计上将五感设计与生态景观相结合，增强游客与环境间的交流，将游客的内在需求作为设计的出发点和落脚点，以此为基础展开设计，从而达到令人舒适满意的生态环境，满足人在园区旅游时的休闲、求知、娱乐以及体验等诉求。

4. 经济可持续

经济发展的可持续性是推动景观建设发展的重要因素之一。在景观设计的具体过程中，要充分考虑当今社会绿色产业发展的生态价值和群众利益，并在此基础上，使园区的经济效益、社会效益和生态效益达到协调统一，带动河北省休闲农业园区的良性发展。

河北省是农业大省，农业不仅是农民就业的重要渠道，也是农民增加收入的重要来源。目前，大部分在农村的人口为在家务农人员，现有经济收入主要以农业种植为主，极少一部分经营小规模农家乐以及出售农副产品。因此，可以通过休闲农业园的设计为农民提供免费培训、上岗就业等一系列措施，吸收周边农民就业，增加农民收入，一定程度上缓解了农民的就业压力，助力当地乡村振兴作出贡献。通过科学合理的利益驱动和引导，向社会传递可持续发展的理念。

（二）自然生态环境的可持续景观设计

1. 尊重原始地形地貌

地形地貌是构成整个园区景观的骨架，大到自然中的峡谷、高山、河流等地形，小至景观设计中的土丘、洼地、坡道。为保护自然生态环境、形成特色景观，应该尊重当地原始地形地貌。

深入调查与分析河北省休闲农业园区的自然地貌现状，充分利用自然地形、山势水流，尽可能采取以最少的土方工程量与最少的单位面积造价，结合景观功能美学的设计分析，对地形条件稍加改造来塑造本土化的景观生态设计。易县百泉生态园区创建之初就确立了保留两个山头与林地、河流、农作物等的设计理念，建成后的园区在山头开辟了滑雪场、易河水上摩托艇等项目，吸引了众多游客。

将使用功能与基地地形地貌结合考虑，进行园区功能优化。石家庄鹿泉常馨谷休闲农业园区，围绕山林、山谷、水塘等原始景观资源，在空间结构上划分出西南情人谷、采摘园、花海、水库 4 个开放空间场所，使优势条件得到了充分利用。

2. 保护土壤、减少污染

（1）恢复土地产能

利用微生物恢复土地产能，微生物会促进土壤有机质的分解和养分的转化，维系土壤的生命和活力。保持微生物物种的多样性与稳定性对土壤的质量至关重要（任文贵　等，2020）。在承德平泉县尚泽果业有限公司苹果园项目中，就用了恢复土地产能的理念，通过种植固氮的牧草等植物，让土地依靠植物自身恢复肥力。

（2）景观道路使用透水性铺装材料

地面应尽量选择透水性或“多孔”的铺装材料，减少混凝土等硬质材料的覆盖面积，以利于雨水的渗透，保护和延续土壤的活力。透水材料有透水砖、砂岩、钢渣、透水沥青、草皮等。

（3）减少土地污染

在园区中避免大量使用农药化肥、除草剂和杀虫剂，多施用有机肥，维护生态系统的可持续发展。产生的污染水流入管道流入沼气池进行消化。在采摘或休闲旅游活动中，引导游客将携带的塑料、包装等生活垃圾放入垃圾箱，以避免垃圾对土地的直接污染。

3. 强调生产作物、利用本土景观绿化

园区景观的设计全面考虑生产作物与本土景观绿化，更有利于发挥生态效益。合理规划出农业的种植区域，将黄色的油菜花田与绿色的麦田、二月兰等相结合，形成相同或不同块状色彩的农业景观或大地景观，以吸引游客到此观光。同时，将油菜花榨油、麦子磨面的传统深加工过程，以供游客观赏或体验的方式展示，让游客参与其中去体验感知农村的休闲生活，增加休闲农业园区农产品的附加收益。

顺应山地高差关系，在山上遍地种植梨树、苹果树、樱桃树等果树，花期与果期可分别吸引游人观赏与采摘，打造立体化空间的多层次丰富景观，展现出园区的景观美，推动休闲农业和乡村旅游的快速发展。景观设计应注重游客逗留和休息的场地和设施的需求，适当增加拍照打卡地和座椅。

园区中的景观绿化树种，应优先选用本地乡土树种。运用本地植物既省去了运输、移栽以及日常维护的费用，还能维持场地本身原生态的景观系统，保留纯粹的乡土气息。

充分利用植物的自然修复功能，发挥生态效益。桑树、美人蕉吸收二氧化碳，月季、臭椿树吸收二氧化硫，起到了净化空气的作用。在有污染的水体可栽种水生的荷花、菖蒲、旱伞草、茨菇，以及沼生、湿生的芦苇等植物，起到净化水质的作用。

4. 水资源景观

园区中水资源作为重要的元素，构成形式有河流、湖泊、水塘等，在景观可持续化中采取以下措施。

（1）与地形相结合

可充分结合地形高差，创造节水节能的生态艺术水景。鹿泉常馨谷利用原始地形区创建了梯田台式亲水景观。另外，还利用人工动力，塑造瀑布等景观效果。水景观不仅改善了周围的小气候，也给游客带来了趣味。

（2）注意净化自然水体

通过园区工作人员监督、游客自觉、技术支持等手段，控制将生活污水排入自然水体。

（3）雨水利用技术

在景观塑造中，充分利用“渗、滞、蓄、净、用、排”方式节约水资源、保护和改善园区生态环境，利用园区的地形修建雨水花池、洼地、水池、沟渠等景观要素，与雨水资源巧妙结合，营造别有情趣的景观效果。

5. 园区建设材料可持续性

园区景观设计中，无论是建筑、景观环境设施还是铺装的营造，都应在保证美观实用的前提下，提倡绿色环保理念，选择景观生态材料。

（1）提高本地材料的使用量

最大限度地发挥本地材料的潜力，可以有效地与当地的环境相融合，增加乡土气息、体现地方特色，还可降低成本，更利于环境的生态保护。

（2）废旧材料再生利用

对农村中农作物废弃材料、农耕用具和生活工具等废旧材料进行合理再生利用，能减少生产、加工、运输材料消耗的能源，也能减少废物的堆积。如秸秆可制作成建筑板材、草砖或景观小品；农具、辘轳、水磨、石碾、石磨、纺车等可以作为景观小品布置在园区中，从而达到与环境融为一体的景观效果。

（3）利用设施棚室材料

选用棚室材料修建园区中的会议室、住宿酒店等建筑，不仅易于施工而且持久性强，体现了园区的农业特色。

（三）文化景观的可持续设计

文化的传承浓缩了河北省不同地区的生活、传统和精华，保留与传承当地的民风民俗文化，通过对历史文化与休闲农业园区场地景观设计进行结合，能使文化以看得见的方式进行传承，塑造出具有浓郁地方特色的河北省休闲农业园区文化景观。

休闲农业园区中的文化景观设计可以使诸多文化得以传承，通过全面收集历史文化，精心打造景观设计，为河北省文化留下看得见的记忆，为休闲农业园区旅游提供一个寻觅历史文化的心灵归宿，用文化传承的方式为河北省文化的辉煌过往塑造丰碑。

充分调查本地特色文化景观资源并进行设计策划，避免千园一面，选择最具特色的符号元素，通过抽象的艺术手法对休闲农业园区进行整体景观形象定位，突出该园区所在地的地域风情、文化特点、生活习俗、绿色环保、休闲娱乐等特色，以充分发挥自身优势。提高休闲农业园区品牌的辨识度，在消费者心中树立起良好的品牌形象，提高品牌被市场认可的程度。

在园区内增加增添农家体验活动。农家体验性活动可从农家劳动的角度进行思考。春季可根据播麦、插秧、扬谷、吊井水、种花、养鸟等活动设计体验性项目；秋季可根据采摘瓜果梨桃、栽植蔬菜、喂鸡放鸭、收割麦子、掰玉米、挖土豆等活动设计体验性项目。其他时间段可学习农家风味小吃，参与农户婚嫁迎娶等体验性项目让游客亲身感受当地的乡风民俗，让游客得以近距离接触当地文化、体验特色风情，增强空间的活力。

（四）传统观念的更新

过去农田在当地村民的观念中是生产作物的地方，随着旅游的介入，它变为一种乡村特有的旅游景观。为适应游客观光的需求，在休闲农业园区进行景观空间设计，适当设计游客游览体验路径与休憩空间，在其中点缀小品，增添旅游观赏价值。在休闲农业园区的油菜花田里巧妙地设置观赏亭。设置儿童游乐设施、垂钓场地等营造趣味性较强的特有旅游景观。

提升园区服务水平。园区的大多数农民既是管理人员，又是服务人员，处于粗放经营中。现阶段应把现代化的服务设施与古朴的农家风情和充满生活气息的民俗文化紧密结合起来，通过提升服务质量和内容来吸引游客。

（五）景观生态技术工程

1. 植草沟

植草沟，即种植相关植被的地表沟渠，它兼具排水与景观两大功能。在园区内设置植草沟，其主要目的是实现园区内部水体的循环流通，同时，提升园区的水景观观赏度，丰富现有的水景观呈现形式。因此，对植草沟进行设计需要考虑园区的水体分布情况以及园区土质，不同的土壤环境对应不同的植被。具体的设计流程为：布置植草沟的平面分布与立体分层、对植草沟的水体流量进行测试与评估、校核相关的设计指标。

2. 植被缓冲带

园区内部的植被缓冲带具有多重作用。首先，它是有效防止水土流失的重要保障；其次，在园区的景观上，它的存在对整体景观效果的提升也具有重要意义；除此之外，植被缓冲带是众多鸟类的栖息地，尤其在候鸟返归的季节，缓冲带几乎完全被候鸟占据，在给园区带来生机的同时，也为园区增添了一道亮丽的风景线。因此，植被缓冲带的设计需要从上述多个层面进行考量，在缓冲带的位置选择上，必须选取两个或以上生态系统的交接处，这是实现其主要功能的关键；另外，必须依据具体园区的土质与其他环境因素，选择对应的植被进行覆盖，保证植被的成活率；同时，对园区内的鸟类等野生动植物资源进行统计与归类，依据其组成与结构，进行具体的植被缓冲带设计，必须保证不影响原有野生动植物的生存与繁衍。

3. 人工土壤渗透

人工土壤渗透是园区水生态设计过程中的重要一环，其不同之处在于，人们难以通过肉眼的直观观测来对其效果予以评估。人工土壤渗透相比于自然土壤渗透会更具目的性，设计者在设计之初就明确了相关参数指标，如渗透系数的大小、渗透土壤的选择、渗透区域的划分等。在对其进行设计时，需要对具体的园区土质、水体流向以及整体园区各植被的分布情况等做出细致、准确的分析与划分，在充分了解园区基本自然情况与既定设计目标之后，才能做到科学设计节水灌溉措施。休闲农业园区的内部会存在诸多相关的农业生产项目，因此，在对其水生态进行设计时，必须将原有的农业生产生活考虑在内。具体到园区的节水灌溉，可以通过引进现代农业领域比较受推崇的微喷与滴灌技术，这些先进的农业灌溉手段能够实现对目的农作物的直接、有效喷射，既节约了水资源，也提高了灌溉工作的效率，比传统的灌溉方式更节能。

4. 生物过滤措施

生物过滤一直是影响园区内部的物质循环的重要因素，在具体的园区水生态设计过程中，可以通过利用生物过滤器这一装置实现该功能。生物过滤器，即人们常说的浸没式生物过滤系统，是一种较复杂、功能较系统的生物过滤装置，其主要功能是分离水中的亚硝酸盐与氨氮等化学成分。在一定时间之后，水体内部能够形成相应的生物链，对于优化水体生态系统具有重要价值（彭瑶，2017）。

5. 地面铺装透水

这与铺装材料和铺装平面组合形式有关。在园区中可根据场地的特点和排水规模大小的需要，对不透水材料、透水材料以及排水明渠进行组合布局，以满足功能的需要又实现立体透水，并起到收集自然雨水的作用。

6. 太阳能技术

使太阳能转化为电能并运用到园区景观照明设施或其他方面，以达到节能照明的目的，也能减少对不可再生能源的消耗。此技术应运用于日照充足的地区，要注意太阳能光电板的选址，在路灯、庭院灯、草坪灯等设施中就可加上太阳能蓄电装置。

（六）智慧农业技术的应用

运用以物联网、移动互联网为代表的信息技术可推进信息化深度融合。在园区景观设计中增加互联网等拥有先进科学技术的服务手段，如二维码扫描、手机 App、电子互动等新媒介，实现电子化认领农田、大棚、远程灌溉等功能。在电子平台中城市居民与农村居民可以查看与之相关的资料信息，可相互租售认领农田、大棚，提供配送看护农作物的服务等。这样不仅增加了城市与农村在时空上的灵活性，也丰富了人们的生活。

三、河北省休闲农业园区可持续景观维护

在现代农业休闲园景观建设中，要进一步增强景观维护意识，做好休闲园区景观的日常养护工作能，做到“重建设，更重维护”，才能使景观带来良好的生态效益、经济效益和社会效益，促进人与自然的和谐共处。

（一）河北省休闲农业园区植物可持续景观维护

1. 遵守“三分种，七分管”原则

首先，要保证园区植物的浇水施肥与病虫害防治的基本工作，保证植物的正常生长；浇水施肥应结合植物不同年龄、不同阶段的需要，施不同种类的肥料。浇水应参照结合植物的生物学特性进行。病虫害防治的重点是防治，可在重点防治期间及时作业。其次，休闲园区最好进一步增强植物的冬季修剪信息化管理，保持植物生长的形态，特别是生长发育旺盛时期的绿篱，不能任由它们肆意生长。最后，还要加强日常管理，比如增设一些温馨提示牌。

2. 营造植物生长的最佳环境条件

不同的植物具有不同的生长特性，不同景观植物达到最佳观赏效果需要不同的生长条件。自然环境因素无时无刻不在影响着景观植物的生长，因此植物景观的养护工作不能仅仅停留在整形修剪以及日常灌溉，为园区内景观植物营造最佳生长环境需要从光照、温度、土壤以及水分等不同方面来区别对待。喜光型的植物如杜鹃、鸡爪槭等应尽量保证其光照充足，及时清理其他高大乔木遮挡其光照的枝条；而耐阴型植物如八仙花等则应尽量保持其所处区域的荫蔽。喜温型植物如桂花、山茶等在配置时应尽量栽种在较为温暖的区域。喜酸性植物如棕榈等，在配置时应尽量选择土壤为酸性的区域；喜碱性植物如龙柏等，则在配置时应尽量选择土壤为碱性的区域；对于已经死亡的树木要及时移除并补植。此外，土壤的厚度以及肥力也对植物生长有着重大影响，因此需要定时翻土以及施肥。水分是植物生长过程中不可或缺的条件，在日常的植物景观养护中，尤其是夏季高温时节，必须定时进行灌溉工作。

（二）水资源景观

从某种角度来说，应当增强对休闲农业园区中景观水资源的日常管理，定期清理水景中的垃圾。使园区内水体环境得以流动，不仅能够防止蚊虫滋生，还能够为自然景观增添生机。景观水体富营养化初期，有足够

数量的微生物（如芽孢杆菌）生长，会加速水中空气中污染物的分解，起到净化污水的作用。如果水资源来源困难，可以用其他特定形式的景观来填补和替代。

（三）景观小品

加强日常管理和定期维护。从某种角度来说，及时对破损的建筑小品更换老化变质的材料，排查和消除可能存在的安全隐患，通过采用一些环保型乳胶漆进行室内外装修和防护。

（四）道路及铺装地面

每六个月检查一次园区内道路及铺装地面的完整性，及时填补空隙，及时清理道路垃圾。在景观路设置比较少的区域适当增设。

（五）农业设施温室大棚

因为温室大棚的环境常年高温高湿，所以影响日光温室产品寿命的最重要因素是各主要部件的防腐和防锈能力。应每六个月检查一次每个主要机械设备的可用性情况，例如喷灌设备、电源插座、防风口、卷帘机等，定期检查是否正常运转，机油是否缺失等。另外，有必要定期对日光温室的结构部件进行维护。

1. 金属骨架

从某种角度看来，对于螺栓连接的金属骨架，为避免频繁使用造成螺栓松动的异常现象，应经常检查螺栓的松紧度。如果焊接的骨架出现裂纹，一定要立即修复。对于一些没有通过热镀锌处理的金属结构，定期涂防锈底漆，以延长基础结构的使用寿命。

2. 温室大棚的棚内立柱

在温室中，立柱的作用一般是支撑拱杆，防止拱杆弯曲。鉴于温室大棚建设的限制，一旦立柱断裂，再次更换就比较困难。建议在相应位置附近加装立柱，帮助支撑变形的骨架。

3. 卷帘机的日常保养

卷帘机在冬季使用，夏季闲置时可维修保养。检查自动运转传动装置各部分的具体情况，发现问题应及时更换。检查各机械部件的具体紧固情况，及时紧固。

4. 棚膜的日常维护

由于频繁使用，大棚膜的损坏是没有办法避免的，但一定要及时修复。具体修复方法可用透明胶带在撕裂处粘贴，也可用专用的覆膜胶进行修复，也可以在破损处覆盖一层新的覆膜（王瑞祥，2021）。

第五篇

河北省休闲农业园区景观设计前景展望

一、注重生态理念的运用

随着时间的推移，当代社会经济的发展和不断进步，人们对休闲园区景观设计的要求也越来越高。河北省的现代环境中所产生的生态问题近几年有所缓解，休闲农业园区的景观由单纯的欣赏逐渐向生态保护方向考虑并实践，但是仍需要继续努力加强生态保护。目前，很多休闲农业园区在景观设计中已经开始充分考虑到生态理念的运用，即在设计中，每一种资源都能做到最合理的配置、规划和设计，最大限度地降低生态能源和自然物质的消耗及浪费。

二、注重数字化景观发展

新一代信息和数字技术的发展，使景观设计获得了更科学的认知和分析事物运行发展规律的能力，使其得以运用系统化、数字化的当代设计逻辑构建和设计媒体表达。数字景观方法和技术力能够帮助景观在研究、设计、营建与管理的全过程：从数据采集分析、数字模拟及建模、虚拟现实及表达、参数化设计及建造到物联传感和数字测控（成玉宁，2017）。利用数字化景观设计，一方面为河北省休闲农业园区景观设计提供了新的创作思维和表现手段，使构成景观的设计要素更加生动，景观与人的交流方式更具互动性和体验感；另一方面，数字化的运用使景观信息的采集、存储、分析，设计成果的输出变得更加有效和精确，大幅提升了休闲园区的工作效率。

三、注重向多种功能并存方向发展

国家提出乡村振兴战略后，河北省休闲农业园区农业功能及农业景观将迎来新一次重大转变，从食物原材料（如果品、蔬菜等）生产功能为主向休闲与文化、生态调节与保护等多种功能并存转变。相应地，休闲农业园区景观也出现了功能转变，由原来的绿化转变为多功能景观，植物的多样化配置、水景的布局及娱乐功能、建筑小品的文化功能等，不仅景观各元素形态发生了变化，还赋予文化的内涵，在空间结构上互相融合，河北省休闲农业园区景观设计致力于社会效益、生态效益和经济效益的全面系统协调。

四、注重地域文化的挖掘

地域文化是休闲农业园区景观设计中重要的因素之一，景观设计人员要创新思维，突破传统的农业园区设计模式（周娟，2021），积极在景观设计中融入文化元素，才能设计出具有地方特色和时代印记的方案。河北省休闲农业发展迅速，地域文化本身具有丰富的内容和含义，在将文化内涵充分融入休闲农业园区的景观设计中，对于提升园区景观质量有很大的帮助。在休闲农业园区的景观设计中，能够充分结合休闲农业园中各种植物及农产品进而设计出更具魅力的场景。地域文化具有特殊的代表元素，充分运用特色文化元素能够提高休闲农业园的景观观赏价值，提升景观的艺术魅力，同时也给予现代社会人群心灵上的慰藉。休闲农业园区景观设计中考虑融入地域文化特色时，也要考虑到景观文化的有效运用，在体现文化风味的同时，能够彰显休闲农业园的魅力，烘托各种情绪和氛围，进而展现出更有风格和特色的当地文化。

参考文献

陈宇，姜卫兵，2010．观光农业园区景观规划的探析 [J]．江苏农业科学（6）：297-298．

陈志锋，李雪莲，2004．城市化进程中园林设计与施工的方向探讨 [J]．中国林业（8B）：42-43．

成玉宁，2017．数字景观 中国第三届数字景观国际论坛 [M]．南京：东南大学出版社．

程绪珂，胡运骅，2006．生态园林的理论与实践 [M]．北京：中国林业出版社．

樊巧思，2015．乡村聚落可持续性景观的设计研究：以梁子湖区为例 [D]．武汉：湖北美术学院．

何丹，2021．休闲农业园地域文化营造策略浅析 [J]．四川建筑，41（5）：54-55．

河北省人民政府，2023．走进河北 [EB/OL]．http://www.hebei.gov.cn/hebei/14462058/14462085/index.html．

河北省统计局，2023-02-25．河北省 2022 年国民经济和社会发展统计公报 [EB/OL]．http://tjj.hebei.gov.cn/hetj/tjgbtg/101672190375287.html．

河南御农农业科技有限公司，2019-06-10．温室大棚的维护方法及保养 [EB/OL]．http://www.yunongnongye.com/xwdt/hydt/20190610090217804l.html．

贺丽娟，2020．邯郸市休闲农业发展现状与对策研究 [D]．邯郸：河北工程大学．

姬悦，李建平，2016．京津冀协同发展背景下休闲农业园区定位与思考 [J]．世界农业（9）：232-236．

康敏，2018．河北省休闲农业发展现状及升级路径研究 [J]．旅游纵览（下半月）．

李庆泽，1987．河北省经济地理 [M]．北京：新华出版社．

李雪，2018．河北省休闲农业园区发展模式研究 [D]．保定：河北农业大学．

刘嘉敏，2021．可持续设计理念下洞庭归渔文化园景观设计 [D]．岳阳：湖南理工学院．

刘世梁，2012．道路景观生态学研究 [M]．北京：北京师范大学出版社．

刘莹，张云彬，2012．现代农业园区景观空间设计分析 [J]．农业科技与信息：现代园林（5）：78-84．

陆翔，苏晓毅，陆元昌，等，2009．云南大理双廊社区自然人文景观分类及特征初步研究 [J]．山东林业科技，39（2）：62-65．

彭瑶，2017．休闲农业园区水生态设计 [J]．南方农业，11（11）：114-115．

任文贵，徐娅，2020．养生度假区环境景观的生态可持续策略研究：以福州云溪曼谷养生度假区为例 [J]．大众文艺（8）：110-111．

沈洁，2009．生态学原理在城市湿地景观设计中的应用 [J]．贵州农业科学，37（9）：213-216．

谭彦，2018．花海休闲观光园景观规划研究 [D]．长沙：中南林业科技大学．

王超，张璐，2016．我国观光农业园中园林景观设计的应用现状及展望 [J]．黑龙江农业科学（8）：156-158．

王建国，2021．城市设计 [M]．南京：东南大学出版社．

王瑞祥，2021．做好夏季蔬菜棚室的维护及保养 [N]．河北科技报．

吴浩辉，2011．观光农业园区生态绿化设计 [J]．城市建设理论研究（26）：1-3．

武少腾，2019．基于乡村旅游的休闲农业园景观规划探究 [D]．雅安：四川农业大学.
夏仲群，尹伟国，2010．城乡与区域规划的景观生态模式分析 [J]．价值工程，29（27）.
谢冬梅，2019．融合智慧农业理念的鸿尾生态农庄景观规划设计 [D]．福州：福建农林大学.
许冰雁，2021．主题型农业产业园规划设计研究 [D]．泰安：山东农业大学.
亚伯拉罕·马斯洛，2007．动机与人格 [M]．许金声，等，译．北京：中国人民大学出版社.
闫雨，2022．田园综合体景观规划设计研究 [D]．济南：山东建筑大学.
杨飏，杨政水，2014．现代农业园区自然景观要素及其整合探讨 [J]．安徽农业科学，42（23）：7885-7886，7892.
俞孔坚，2003．景观设计：专业学科与教育 [M]．北京：中国建筑工业出版社.
俞孔坚，李迪华，1997．城乡与区域规划的景观生态模式 [J]．国际城市规划（3）：27-31.
俞孔坚，李迪华，2007．可持续景观 [J]．城市环境设计（1）：7-12.
张苗苗，2019．基于体验理念的新乡市平原新区“桃花源”主题农业园规划设计 [D]．郑州：河南农业大学.
智研咨询，2022-10-10．2022—2028 年中国乡村振兴战略产业发展态势及投资决策建议报告 [EB/OL]．https://www.chyxx.com/industry/1126700.html.
周娟，2021．论基于地域文化的休闲农业园的景观设计策略 [J]．环境工程，39（10）：61.
周炜坚，2019．乡村振兴战略下丽水生态农业科技创新研究 [M]．石家庄：河北科学技术出版社.
周永，2020．洞庭湖区生态农业景观规划设计 [D]．衡阳：南华大学.
邹先定，陈进红，2005．现代农业导论 [M]．成都：四川大学出版社.